Olaf Fritsche

Physik I

Physikalische Grundlagen

Springer

Olaf Fritsche
fritsche@wissenschaftwissen.de
http://www.wissenschaftwissen.de

ISBN 978-3-662-47537-9 ISBN 978-3-662-47538-6 (eBook)

Die Deutsche Nationalbibliothek verzeichnet diese Publikation in der Deutschen Nationalbibliografie; detaillierte bibliografische Daten sind im Internet über http://dnb.d-nb.de abrufbar.

Springer

Planung: Dr. Doreen Pietzsch

Gedruckt auf säurefreiem und chlorfrei gebleichtem Papier.

Springer-Verlag GmbH Berlin Heidelberg ist Teil der Fachverlagsgruppe Springer Science+Business Media
(www.springer.com)

Inhaltsverzeichnis

Vorwort

Eigentlich wollten Sie nur Chemie studieren – und jetzt müssen Sie sich mit Physik herumschlagen. Im ersten Moment ärgern sich viele Studierende über Nebenfächer, die offenbar nur Zeit und Energie kosten, aber scheinbar kaum relevant für das eigentliche Studienfach sind. Besonders, wenn Sie das Studium neben dem Beruf absolvieren müssen. Deshalb möchte ich Ihnen kurz erzählen, wieso es eben doch sinnvoll und sogar sehr wichtig ist, dass angehende Chemiker ein gutes Verständnis für die Physik entwickeln, und wie Sie mit der Kombination aus Lehrbuch und Studienheft dieses Ziel möglichst mühelos erreichen. Bevor wir uns in diesem Band vorbereiten auf den Einstieg in Mechanik, Optik und Co.

Weshalb sollten Chemiker Physik lernen?

Dass wir die verschiedenen Teilgebiete der Physik in getrennten Studienbänden behandeln, erweckt den Eindruck, es würde sich um separate Disziplinen handeln und beispielsweise die Mechanik hätte mit der Optik oder der Thermodynamik nichts gemeinsam. Tatsächlich ist die Teilung nur der Versuch, ein wenig Ordnung in die ansonsten kaum zu überschauende Vielfalt der physikalischen Phänomene zu bringen. In Wirklichkeit wirken bei fast jedem Prozess Mechanismen aus mehreren Bereichen zusammen. Selbst bei anscheinend simplen Vorgängen wie dem Werfen eines Balls, sind auf den ersten Blick völlig unbeteiligte physikalische Gesetze aktiv. So sind die Regeln der Quantenphysik und der Elektrostatik dafür verantwortlich, dass der Ball die Luft, durch die er fliegt, verdrängt, weil die Atome einander nicht einfach durchdringen können. Die Verdrängung sorgt für Reibungswärme und damit für eine Energieform, die in der Thermodynamik eine besondere Rolle spielt. Schließlich sehen wir den fliegenden Ball überhaupt nur dank der Eigenschaften elektromagnetischer Wellen, die in der Optik behandelt werden. Und das war lediglich ein „simples“ Beispiel aus der Mechanik. Während wir also die Studienhefte durcharbeiten, sollten wir uns bewusst sein, dass in der Physik in Wahrheit kein Entweder-Oder der Teilgebiete herrscht, sondern ein ständiges Alles-ein-bisschen-mit-Schwerpunkt-auf-Diesem-oder-Jenem.

Die Physik ist obendrein nicht nur auf die Studieneinheit *Physik* beschränkt, sondern ist mehr oder weniger deutlich an allen chemischen Zuständen und Reaktionen beteiligt. Die Quantenphysik bietet die Grundlagen für den Atombau und die chemischen Bindungen aller Art. Die Thermodynamik liefert das notwendige Wissen für die Energetik und Kinetik chemischer Reaktionen. Mechanik, Elektrizität, Magnetismus und Optik sind die Basis für die Messverfahren und sonstigen Geräte, die wir in der Analytik und der Synthese nutzen. Solange wir uns nicht in Physik auskennen, wissen wir nicht wirklich, was wir eigentlich tun, wenn wir eine chemische Reaktion ablaufen lassen. Wir können zwar fertige Anleitungen Schritt für Schritt befolgen, aber wir sind nicht in der Lage, die standardisierte Vorgehensweise auf unser ganz spezielles Experiment anzupassen oder gar selbst gezielt einen neuen Versuchsaufbau zu entwerfen. Die Physik bietet uns das theoretische Rüstzeug für die praktische chemische Arbeit.

Dementsprechend ist die Physik in das Studienprogramm eingebettet und mit den anderen Fächern verknüpft. Sie nutzt die Vorarbeit der *Mathematik für Chemiker*, da sich viele Naturgesetze leichter in mathematischen Formeln als in Worten ausdrücken lassen. Die *Physikalische Chemie* führt einige Aspekte vertiefend und speziell an die Bedürfnisse der Chemie angepasst fort. Die chemischen Kernfächer wie *Anorganische Chemie*, *Organische*

Chemie, *Analytische Chemie*, *Technische Chemie*, *Biochemie* und *Polymerchemie* setzen ein physikalisches Verständnis und Wissen voraus.

Wir sehen, dass die Chemie zwar mehr ist als einfach „die Physik der Elektronenhülle“, wie Physiker manchmal scherzhaft behaupten. Aber sie ist tatsächlich von physikalischen Prozessen durchdrungen. Ohne Physik ist die Chemie nicht denkbar, und wenn wir die Chemie wirklich verstehen wollen, müssen wir die zugrundeliegende Physik begreifen.

Das Miteinander von Lehrbuch und Studienheften

Das Studienmodul *Physik* und die dazugehörigen Studienhefte orientieren sich an dem Lehrbuch *Physik für Wissenschaftler und Ingenieure* von Paul Tipler und Gene Mosca, das bei Springer Spektrum erschienen ist. In den Studienheften wird es kurz *Tipler* genannt. Mit seinen über 1400 Seiten wirkt das Buch zugegebenermaßen auf den ersten Blick sehr respekteinflößend, bei der Arbeit damit werden wir jedoch feststellen, dass ein großer Teil des Volumens auf ausführliche Beispiele und Übungen zurückgeht. Außerdem konzentrieren wir uns auf die für uns relevanten Themen und brauchen deshalb nicht wirklich alles durchzugehen.

Der Tipler wendet sich an ein sehr heterogenes Publikum und legt in seinen Beispielen den Schwerpunkt häufig auf technische Systeme, die für Chemikerinnen und Chemiker weniger interessant sind. Die Studienhefte schaffen hier einen Ausgleich, indem sie immer wieder den Bezug zur Chemie herstellen. So machen Beispiele aus dem Laboralltag oder zu chemischen Prozessen die Bedeutung des jeweiligen physikalischen Vorgangs deutlich. Ab und zu gehen die Studienhefte auch tiefer auf ein Thema ein und bieten Inhalte, die im Tipler nicht zu finden sind. Auf der anderen Seite lassen sie einige Aspekte aus, die in der Chemie ohne Bedeutung sind.

In manchen Kapiteln war es sinnvoll, die Reihenfolge der einzelnen Themen zu ändern oder anders zusammenzustellen. Damit es keine Verwirrung gibt, steht neben den Abschnittsüberschriften jeweils, in welchen Abschnitten im Tipler die Inhalte behandelt werden.

Am sinnvollsten ergänzen sich Tipler und Studienhefte, wenn Sie ein neues Thema zuerst im Studienheft durchlesen und versuchen, die beschriebenen Modelle und Theorien zu verstehen. Die Studienhefte verzichten auf die Herleitungen der Formeln, sodass Sie nicht zu sehr von der Mathematik abgelenkt werden und sich stärker auf die Physik konzentrieren können. Den Tipler sollten Sie dennoch parallel zum Studienheft aufgeschlagen haben, denn er enthält auch die Abbildungen, auf welche die Studienhefte verweisen. Wenn Sie schließlich einen Abschnitt im Studienheft durchgearbeitet haben, sollten Sie die entsprechenden Teile im Tipler lesen und die angegebenen Aufgaben lösen. Am Ende jedes Studienheftes finden Sie eine Zusammenfassung der wesentlichen Punkte, die wir behandelt haben, und ein Glossar mit den wichtigsten Fachbegriffen. Als Vorbereitung für die Prüfung gibt es zum Abschluss eine exemplarische Klausuraufgabe, wie sie von der Art und dem Schwierigkeitsgrad in der Klausur auf Sie warten könnte, mitsamt der zugehörigen Lösung.

Auf diese Weise wird die Physik für Sie hoffentlich schon bald mehr als ein ungeliebtes Nebenfach sein. Stattdessen soll Sie Ihnen ein Verständnis für die fundamentalen Naturgesetze vermitteln, auf denen die Chemie aufbaut. Und im Idealfall macht es Ihnen sogar Spaß, hinter die Kulissen von Zentrifugen, Massenspektrometern und Lasern zu schauen.

Olaf Fritsche

Voraussetzungen

1

Für den Einstieg in das Lernmodul *Physik* müssen wir keine physikalischen Vorkenntnisse mitbringen. Es ist so aufgebaut, dass wir es selbst dann bewältigen können, wenn wir in der Schule gar keinen Unterricht in Physik gehabt haben. Natürlich fällt es leichter, viele Dinge zu verstehen, wenn wir sie bereits von früher kennen. Aber auch dann sollten wir die vertraut erscheinende Passage aufmerksam durcharbeiten. Zum einen gehen die Studienhefte häufig über das Niveau des Schulunterrichts hinaus. Zum anderen behandeln sie die Physik in der Regel nicht als Selbstzweck, sondern stellen immer wieder den Bezug zur Chemie her, was wohl kaum ein Lehrer gemacht hat.

Während des Lernens sollten wir darauf achten, dass wir wirklich die Konzepte verstanden haben, und uns die wichtigsten Begriffe merken, denn die späteren Studienhefte setzen das Wissen der vorhergehenden Hefte voraus. Das verhindert, dass jedes Mal die Definitionen von grundlegenden Größen wie Druck, Masse oder Energie wiederholt werden müssen.

Weil sich viele physikalische Zusammenhänge sehr gut mathematisch beschreiben lassen, aber nur mit viel Mühe sprachlich auszudrücken wären, werden Naturgesetze in der Physik meistens als mathematische Formeln wiedergegeben. Durch mathematische Umformungen lassen sich häufig aus bekannten Gleichungen neue Gesetzmäßigkeiten herleiten und neue Erkenntnisse gewinnen, auf die ohne Rechnerei niemand gekommen wäre. Es sieht daher ganz so aus, als wäre die Mathematik die Sprache der Naturgesetze.

Obwohl wir in diesem Studienmodul den Schwerpunkt auf das Verständnis der Physik legen, werden wir vieles in dieser Sprache formulieren. Dafür benötigen wir die Kenntnisse aus dem Modul *Mathematik für Chemiker*. Wir sollten neben den Grundrechenarten, Bruch- und Prozentrechnung auch mit Funktionen, ihren Ableitungen und Integralen umgehen können. Einige spezielle Fähigkeiten, die in den folgenden Studienheften häufiger verlangt werden, wiederholen wir in diesem Heft kurz.

Und natürlich sollten wir einen technisch-wissenschaftlichen Taschenrechner besitzen und mit seiner Bedienung vertraut sein.

Lernziele

2

Das Studienmodul *Physik* insgesamt legt den Schwerpunkt auf ein Verständnis für physikalische Konzepte und die Fähigkeit, das Wissen in konkreten Problemstellungen anzuwenden. Dazu gehören die Kenntnis der wichtigsten physikalischen Grundlagen, Modellvorstellungen und Herangehensweisen der Physik, die Umsetzung in beschreibende mathematische Modelle und deren Anwendung. Aufgaben im naturwissenschaftlichen Kontext sollen Sie verstehen und eine eigenständige, zielführende Lösungsstrategie entwickeln können.

Im Einzelnen kommt es auf folgende Ziele an:

- Sie sollten die physikalischen Theorien und Modelle wirklich verstehen, sodass Sie in der Lage sind, Verständnisfragen zu beantworten, statt lediglich auswendig gelerntes Wissen zu reproduzieren.
- Sie sollten das Fachvokabular sowie die Bedeutung der dahinterstehenden physikalischen Größen kennen, also beispielsweise wissen, was mit Begriffen wie Energie, Drehimpuls, Temperatur oder elektrischem Feld gemeint ist.
- Sie sollten Situationen mit mathematischen Modellen beschreiben und diese auf konkrete Fragestellungen anwenden können.
- Für die Klausur sollten Sie in der Lage sein, Aufgaben mit gegebenen Formeln zu lösen. Es wird nicht vorausgesetzt, dass Sie die notwendigen Gleichungen auswendig lernen. Allerdings sollten Sie wissen, welche Formel in welcher Situation zur Lösung führt.

Die Lernziele der einzelnen Studienhefte sind immer im Vorspann des jeweiligen Heftes angegeben.

In diesem Studienheft lernen wir die grundlegende Vorgehensweise der Physik bei der Erforschung neuer Gesetzmäßigkeiten und die Schreibweisen physikalischer Größen. Am Ende des Bandes sollten Sie sowohl mit den Zahlwerten als auch mit den Einheiten sinnvoll umgehen, sie miteinander kombinieren und ineinander umwandeln können. Sie sollten in der Lage sein, ihre Berechnungen anhand einer Dimensionsanalyse und einer Abschätzung der Größenordnung auf Plausibilität zu überprüfen.

Im zweiten Teil des Studienheftes wiederholen wir die wesentlichen mathematischen Operationen, die wir im Verlauf dieses Moduls benötigen werden. Sie sollten lernen, mit Potenzen, Logarithmen und Vektoren zu rechnen, Funktionen abzuleiten und zu integrieren und einfache Differentialgleichungen aufzustellen.

Physikalische Grundlagen

3

Wie die Chemie ist die Physik eine Naturwissenschaft, und allen Naturwissenschaften ist gemeinsam, dass sie auf eine der ureigensten Eigenschaften des Menschen zurückgehen: die Neugier. Naturwissenschaftler wollen wissen, wie die Natur funktioniert. Sie fragen sich, was passiert und wie es passiert, und versuchen anschließend, möglichst viele Phänomene mit möglichst wenigen grundlegenden Regeln zu beschreiben. Damit ihr mühsam erworbenes Wissen nicht verloren geht und nicht jeder Forscher ganz von vorne anfangen muss, geben sie ihre Erkenntnisse weiter. Dafür mussten sie sich auf eine bestimmte Methode einigen, wie neue Zusammenhänge untersucht und formuliert werden müssen. In der Wissenschaft reicht das Argument „meine Oma spürt es in ihren Knochen" nicht für einen neuen Lehrsatz aus. Und mit der Angabe „so schwer wie ein Dutzend Kieselsteine" kann niemand etwas anfangen.

In diesem Kapitel lernen wir einige der Normen und Standards kennen, die in der Physik und in den anderen Naturwissenschaften dafür sorgen, dass neue Erkenntnisse eine solide Basis haben und Forscher einander verstehen.

3.1 Eine Mischung aus Theorie und Experiment

Tipler
Abschnitt *1.1 Vom Wesen der Physik*

Der berühmte griechische Philosoph Aristoteles behauptete in seiner *Historia animalium*, dass Männer mehr Zähne als Frauen haben. Er war sich seiner Sache so sicher, dass er es nicht für nötig befand, einfach kurz nachzusehen, obwohl er zweimal verheiratet war. Männer waren für ihn nun einmal höhere Wesen als Frauen und darum ohne jeden Zweifel vollkommener – auch in Hinblick auf die Zahl der Zähne.

Das Erstaunliche an Aristoteles' Aussage ist für uns nicht etwa, dass er vermutlich mit der Zahl der Zähne sogar richtig gelegen hat, denn zu jenen Zeiten verloren die meisten Frauen aufgrund von Schwangerschaften ihre Zähne tatsächlich schneller als Männer. Verwunderlich ist vielmehr, dass Aristoteles ansonsten ein recht moderner Wissenschaftler gewesen ist. Normalerweise beobachtete er genau, was um ihn herum geschah, und leitete daraus eine Regel ab. Auch wenn er dabei nicht immer richtig lag. So folgerte er aus der Beobachtung, dass Dinge zu Boden fallen, dass es für jedes Objekt einen „natürlichen Ort" gibt, zu dem es strebt. Für Dinge, die sich vornehmlich aus den „Elementen" Erde und Wasser zusammensetzen, lag dieser natürliche Ort möglichst weit unten. Über Jahrhunderte reichte diese Deutung aus, um zahllose Prozesse zu erklären.

Schwierig wurde es erst, als Astronomen wie Galileo Galilei begannen, die Planeten als frei im Raum hängende Körper anzusehen. Warum fielen sie nicht auf die Erde, wenn es keine Sphären gab, an denen sie befestigt waren? Erst Isaac Newton fand einen neuen Mechanismus, der nicht nur die Planeten auf ihren Bahnen hielt, sondern auch Äpfel, Birnen und Menschen an eine kugelförmige Erde band. Er erkannte, dass sich Massen gegenseitig über eine Kraft anziehen, die wir Gravitation nennen. Erneut war das Weltbild in schönster Ordnung.

Bis ein Angestellter des Schweizer Patentamts behauptete, die Gravitation würde nicht nur Massen beeinflussen, sondern auch das Licht, von dem man annahm, dass es eine masselose elektromagnetische Welle wäre. Albert Einsteins Allgemeine Relativitätstheorie interpretierte die Gravitationskraft aber neu als eine Krümmung von Raum und Zeit, die alles, was sich im Raum bewegt, auf krumme Pfade lenkt. Eine völlig abwegig und unnötig kompliziert erscheinende Behauptung, die jedoch 1919 bestätigt wurde, als das

3 Physikalische Grundlagen

Licht einiger Sterne bei einer Sonnenfinsternis genau so von der Sonne abgelenkt wurde, wie Einstein vorhergesagt hatte. Dinge fallen also nach dem aktuellen Stand des Wissens herunter, weil die Erde mit ihrer Masse die Raumzeit verbiegt. Aber keine Angst: Für die Zwecke in diesem Studienmodul reicht uns die Erklärung von Newton aus.

Die Entwicklung der Antwort auf die Frage, warum Dinge herunterfallen, zeigt uns, wie auch heutzutage noch Wissenschaft funktioniert:

1. Am Anfang steht eine **Beobachtung**. Wir bemerken einen Prozess, den wir mit dem bisherigen Wissen nicht befriedigend erklären können.
2. Nach einigem Nachdenken stellen wir eine **Hypothese** auf. Es handelt sich dabei um eine Annahme, wie der Prozess zu erklären sein könnte. Noch haben wir keine Beweise, ob unsere Idee zutrifft oder nicht.
3. Auf Grundlage unserer Hypothese entwerfen wir einige **Experimente**, mit denen wir unsere Idee auf den Prüfstand stellen. Dabei sollten wir mindestens ebenso viel Energie in Versuche stecken, die unsere Hypothese widerlegen wie in bestätigende Experimente. In den meisten Fällen erhalten wir das Ergebnis, dass die Hypothese nicht zutrifft. Dann müssen wir sie verändern oder ganz verwerfen und ein neues Modell entwickeln.
4. Bewährt sich die Hypothese in mehreren unterschiedlichen Experimenten, wird sie zur **Theorie**. Sie beschreibt, wie und warum der Prozess, den wir beobachtet haben, abläuft.

In der Wissenschaft gibt es keine größere Sicherheit als eine Theorie, die immer wieder überprüft und bestätigt wurde. Trotzdem zeigt uns das Beispiel von den herabfallenden Dingen, dass sich selbst anerkannte Theorien durch neue Beobachtungen als falsch herausstellen können oder nur unter speziellen Bedingungen zutreffen. Newtons Gravitationsgesetz ist nicht verkehrt, es ist nur beschränkt auf die Anziehungskraft zwischen Massen. Genau daraus besteht der wissenschaftliche Fortschritt: einer Abfolge von immer besseren Theorien, die immer dichter an die wirklichen Hintergründe kommen. Wissenschaft ist ein Prozess, kein Zustand!

3.2 Einheiten machen Angaben vergleichbar

Die Werte der meisten physikalischen Größen bestehen aus einer Zahl und einer Einheit. Nur, wenn wir beides zusammen angeben, können wir unseren Wert mit anderen Werten vergleichen. Das musste auch die NASA im September 1999 feststellen, als ihre rund 125 Millionen Dollar teure Sonde *Mars Climate Orbiter* nicht sanft in eine Umlaufbahn um den roten Planeten einschwenkte, sondern auf dessen Rückseite entweder verglühte oder auf die Oberfläche stürzte. Bei der Suche nach dem Fehler stellte sich heraus, dass die NASA ihre Rechnungen zur Navigation in den internationalen Standardeinheiten des **SI-Systems** (mit Metern, Sekunden, Kilogramm etc.) durchgeführt hatte, während der Hersteller der Sonde sich an das imperiale System (mit Fuß, Meilen, Pfund etc.) gehalten hatte, das in den USA in der Luftfahrt durchaus gebräuchlich ist. Durch das Durcheinander geriet die Sonde zu tief in die Marsatmosphäre, wo sie durch die Reibung zu heiß und zu langsam wurde. Jahrelange Arbeit und Millionen Steuergelder waren buchstäblich in den (Mars-)Sand gesetzt.

Tipler
Abschnitt *1.2 Maßeinheiten*

Physiker und Chemiker halten sich an die sieben **Grundgrößen** oder **Basisgrößen** des SI-Systems und die dazugehörigen Einheiten: Länge, Masse, Zeit, elektrischer Strom, thermodynamische Temperatur, Stoffmenge und Lichtstärke. Ihre Definitionen und Einheiten sind in Tabelle 3.1 zusammengestellt.

Tab. 3.1 Die SI-Grundgrößen und ihre Basiseinheiten

SI-Grundgröße	Größensymbol	Basiseinheit	Einheitensymbol	Definition
Länge	*l*	Meter	m	Strecke, die das Licht im Vakuum in 1/299 792 458 s zurücklegt
Masse	*m*	Kilogramm	kg	Masse des *Urkilogramms* im Internationalen Büro für Gewichte und Maße in Sèvres bei Paris
Zeit	*t*	Sekunde	s	das 9 192 631 770-fache der Periodendauer eines bestimmten Energieübergangs in ^{133}Cs-Atomen
elektrischer Strom	*I*	Ampere	A	Stromstärke, die beim Fluss durch zwei parallele Leiter mit 1 m Abstand im Vakuum pro Meter Leiter die Kraft von $2 \cdot 10^{-7}$ N hervorruft
Temperatur	*T*	Kelvin	K	der 271,16-te Teil der thermodynamischen Temperatur des Tripelpunkts reinen Wassers
Stoffmenge	*n*	Mol	mol	Zahl der Atome in 12 g des Kohlenstoffisotops ^{12}C; entspricht $6{,}022 \cdot 10^{23}$ Teilchen
Lichtstärke	I_V	Candela	cd	Lichtstärke einer monochromatischen Strahlenquelle mit der Frequenz $540 \cdot 10^{12}$ Hz und einer Strahlleistung von 1/683 W pro Steradiant (Raumwinkeleinheit)

Durch Kombination mehrerer Basiseinheiten können wir weitere sogenannte **abgeleitete Einheiten** bilden. Beispielsweise verwenden wir in der Chemie für Konzentrationsangaben häufig die Einheit „molar" (M), wobei 1 M = 1 mol/l ist. Mol (mol) ist die Basiseinheit für die Stoffmenge, und Liter (l) geht auf die Grundeinheit Meter (m) zurück ($1\,l = 0{,}1\,m \cdot 0{,}1\,m \cdot 0{,}1\,m$). Statt zu sagen, dass eine Salzlösung 1 M ist, könnten wir also auch von $6{,}022 \cdot 10^{23}$ Teilchen pro $0{,}001\,m^3$ sprechen – die Angabe in der abgeleiteten Einheit ist offensichtlich einfacher zu verstehen.

Für manche Größen sind verschiedene Einheiten gebräuchlich. Beispielsweise werden Längenangaben auf der Ebene von Atomen häufig in Ångström (Å) angegeben, da Atome einen Radius in der Größenordnung von 1 Å haben. Für Energien in diesem Bereich verwenden Physiker die Einheit Elektronenvolt (eV), wohingegen im makroskopischen Alltag das Joule (J) die übliche Einheit ist. Wollen wir zwei Werte in unterschiedlichen Einheiten vergleichen, müssen wir sie ineinander umrechnen. Dazu benötigen wir den **Umrechnungsfaktor**. Für unsere beiden Beispiele sind dies:

$$1\,\text{Å} = 10^{-10}\,\text{m}$$
$$1\,\text{eV} = 1{,}602 \cdot 10^{-19}\,\text{J}$$

Wir schreiben dieses Verhältnis nun so als Bruch, dass unsere Zieleinheit oben im Zähler steht und im Nenner unter dem Bruchstrich die Ausgangseinheit, in welcher der Wert angegeben ist, den wir umrechnen wollen. Diesen Bruch multiplizieren wir dann mit dem Wert in der Ausgangseinheit. Die Ausgangseinheit kürzen wir weg, und es bleibt

die Zieleinheit übrig:

$$\frac{\text{Faktor der Zieleinheit}}{\text{Faktor der Ausgangseinheit}} \cdot \text{Wert in der Ausgangseinheit} = \text{Wert in der Zieleinheit} \quad (3.1)$$

Wollen wir etwa 4,7 Å in m umrechnen, erhalten wir so:

$$\frac{10^{-10}\,\text{m}}{1\,\text{Å}} \cdot 4{,}7\,\text{Å} = 4{,}7 \cdot 10^{-10}\,\text{m}$$

Auf die gleiche Weise wandeln wir 0,0083 J in eV:

$$\frac{1\,\text{eV}}{1{,}602 \cdot 10^{-19}\,\text{J}} \cdot 0{,}0083\,\text{J} = 5{,}181 \cdot 10^{16}\,\text{eV}$$

Beispiel

In alten chemischen Texten und im Zusammenhang mit Lebensmitteln sind Energieangaben häufig in Kalorien (cal) statt in Joule (J) angegeben. Der Umrechnungsfaktor beträgt:

$$1\,\text{cal} = 4{,}1868\,\text{J} \quad (3.2)$$

Eine Banane von 100 g hat beispielsweise einen Brennwert von 96 kcal oder 402 kJ, die gleiche Menge Schokolade bringt es auf rund 530 kcal oder 2 219 kJ.

Im Lebensmittelbereich kommt erschwerend hinzu, dass so gut wie immer, wenn von „Kalorien" geredet wird, eigentlich „Kilokalorien" (kcal) gemeint sind, also das Tausendfache der normalen Kalorie. ◀

3.3 Großes und Kleines handlicher geschrieben

Die meisten Basiseinheiten sind so gewählt, dass sie einigermaßen handliche Werte liefern, solange wir uns im mittleren makroskopischen Bereich bewegen, in dem wir Dinge mit bloßem Auge sehen können. Weil sich das Gebiet der Physik aber von den Bausteinen der Atome bis zu den Ausmaßen des Kosmos erstreckt, erhalten wir bei Messungen und Experimenten häufig extrem kleine bzw. sehr große Zahlenwerte. Es gibt zwei Methoden, solche Ungetüme besser lesbar zu machen:

Tipler
Abschnitte *1.2 Maßeinheiten* und *1.4 Signifikante Stellen und Größenordnungen* sowie Beispiele 1.3 bis 1.6

- Bei der Exponentialschreibweise bleibt die Einheit unangetastet. Nur der Zahlenwert wird anders als gewöhnlich notiert.
- Mit Maßeinheitenvorsätzen wird der Zahlenteil verkürzt. Wie sehr, gibt ein Buchstabe vor dem Einheitensymbol an.

In der **Exponentialschreibweise** setzen wir das Komma hinter die erste Ziffer, die keine Null ist. Dann zählen wir ab, um wie viele Stellen wir es dafür verschieben mussten. Diese Anzahl schreiben wir als Exponenten (Hochzahl) zu der 10 in dem Ausdruck „10^{Exponent}", den wir hinter die Zahl mit dem Komma schreiben. Bei Werten über 1, für die wir das Komma nach links verschoben haben, bekommt der Exponent ein positives Vorzeichen, bei Werten unter 1, bei denen das Komma nach rechts gerutscht ist, stellen wir ein Minuszeichen voran.

$$123\,456\,789\,000\,000 = 1{,}23 \cdot 10^{14}$$

$$0{,}00\,000\,000\,000\,000\,047 = 4{,}7 \cdot 10^{-16}$$

Am oberen Beispiel sehen wir, dass wir in der Regel nicht alle Stellen einer Zahl angeben, sondern wir runden nach zwei oder drei Nachkommastellen.

Sehr grob runden wir, wenn wir uns nur die **Größenordnung** eines Werts überlegen. Diese Vorgehensweise ist sehr hilfreich, wenn wir eine Überschlagsrechnung im Kopf durchführen. Wir runden dann einen Wert auf den nächstliegenden Wert, den wir als 10^x schreiben können. Beispielsweise beträgt der Atomradius von Kohlenstoff $7{,}7 \cdot 10^{-11}$ m. Aufgerundet ist dies etwa 10^{-10} m. Der Radius liegt damit in der Größenordnung von 10^{-10} m. In der gleichen Größenordnung finden wir die Radien von Stickstoff ($7{,}0 \cdot 10^{-11}$ m), Sauerstoff ($6{,}6 \cdot 10^{-11}$ m) und Fluor ($6{,}4 \cdot 10^{-11}$ m). Wasserstoff ist mit $3{,}2 \cdot 10^{-11}$ m hingegen eine Größenordnung kleiner, nämlich 10^{-11} m. Wir Menschen befinden uns mit Größen zwischen einem und zwei Metern in der Größenordnung von 10^0 m und überragen die Atome damit um zehn bis elf Größenordnungen. Tabelle 1.3 im Tipler listet die Größenordnungen einiger Objekte im Universum auf.

Statt mit Exponenten können wir sehr große oder sehr kleine Werte auch mit **Maßeinheitenvorsätzen** handlicher machen. Dazu versehen wir das Einheitensymbol mit einem kennzeichnenden Buchstaben. Bei Längen entstehen auf diese Weise Kilometer, Millimeter oder Mikrometer. Bis auf die Ausnahmen *Zenti-* in „Zentimeter" und *Dezi-* in „Dezimeter" liegen die Vorsätze jeweils um den Faktor 1000 auseinander. Ist das Symbol für den Vorsatz ein Kleinbuchstabe, ist der Wert geringer als die Ausgangsgröße. Großbuchstaben weisen auf höhere Werte hin. Die Ausnahme hierbei bildet das Kilo, dessen Symbol ein kleines k ist, obwohl es für den Faktor 1000 steht.

Praktischerweise wählen wir den Maßeinheitenvorsatz so, dass der Zahlenteil vor dem Komma ein, zwei oder drei Stellen hat. Wenn wir mit anderen Werten vergleichen oder weiterrechnen wollen, darf ausnahmsweise auch mal eine Null vor dem Komma stehen:

$$123\,456\,789\,000\,000\ \text{m} = 1{,}234 \cdot 10^{14}\ \text{m} = 123{,}4\ \text{Tm}$$
$$0{,}00\,000\,000\,000\,000\,047\ \text{A} = 4{,}7 \cdot 10^{-16}\ \text{A} = 0{,}47\ \text{fA} = 470\ \text{aA}$$

In Tabelle 3.2 sind die gebräuchlichsten Maßeinheitenvorsätze aufgeführt.

Tab. 3.2 Vorsätze bei großen oder kleinen Zahlenwerten

Faktor	Vorsatz	Symbol	Faktor	Vorsatz	Symbol
10^{-18}	Atto	a	10^{18}	Exa	E
10^{-15}	Femto	f	10^{15}	Peta	P
10^{-12}	Piko	p	10^{12}	Tera	T
10^{-9}	Nano	n	10^{9}	Giga	G
10^{-6}	Mikro		10^{6}	Mega	M
10^{-3}	Milli	m	10^{3}	Kilo	k

Beispiel

Bei einem chemischen Kraftmikroskop wird die Messspitze gezielt mit einer chemischen Gruppe beladen und über eine Oberfläche geführt. Nur an Stellen, an denen sich eine zur Sonde passende chemische Endgruppe befindet, registriert das Gerät eine Anziehungskraft in der Größenordnung einiger Nanonewton (nN). Ein Nanonewton entspricht etwa dem milliardstel Teil der Gewichtskraft einer Tafel Schokolade. ◀

3.4 Dimensionen jenseits von Raum und Zeit

Bei den vielen Rechnungen, die wir in der Physik durchführen müssen, passiert es durchaus ab und zu, dass wir uns nicht sicher sind, ob wir zwei Größen miteinander addieren dürfen, ob vielleicht ein Parameter quadriert werden muss oder ob ein Ergebnis überhaupt stimmen kann. In solchen Fällen ist es oft hilfreich, wenn wir als Test eine **Dimensionsanalyse** durchführen.

Tipler
Abschnitt *1.2 Dimensionen physikalischer Größen* und Beispiel 1.1

Unter einer **Dimension** in diesem Sinne verstehen Physiker nicht die üblichen drei Raumdimensionen und die Zeit, sondern einfach die Eigenschaften, die eine betrachtete Größe hat. Dabei handelt es sich um die gleichen Parameter, deren Werte wir mit den Einheiten angeben, die wir oben kennengelernt haben. Mit dem Unterschied, dass wir nicht quantitativ mit Zahlen und Einheiten arbeiten, sondern lediglich qualitativ prüfen, wodurch sich unsere Größe überhaupt auszeichnet.

Beispielsweise hat ein Strich, den wir auf ein Blatt Papier zeichnen, eine Länge. Diese Länge ist eine Dimension, die wir mit dem Symbol L darstellen. (Der Tipler weicht hier von der üblichen Schreibweise mit Großbuchstaben ab und verwendet für die Dimensionen Kleinbuchstaben.) Ein Kreis erstreckt sich in zwei Richtungen, die beide die Dimension Länge haben. Seine Dimension ist daher L^2. Ein Volumen hat die Dimension L^3.

Tabelle 3.3 zeigt uns die Dimensionen der SI-Basisgrößen. Jede Grundgröße hat ihre eigene Dimension, die völlig unabhängig ist von den anderen Dimensionen. Wie bei den abgeleiteten Einheiten können wir auch hier Dimensionen kombinieren und damit neue Größen beschreiben. Eine Geschwindigkeit besteht beispielsweise aus einer Strecke mit der Dimension L, die wir in einer Zeit mit der Dimension T zurücklegen. Die Dimension einer Geschwindigkeit ist daher L/T. Auf die gleiche Weise hat eine molare Konzentration die Dimension N/L^3, eine Kraft $M \cdot L/T^2$ und Energie $M \cdot L^2/T^2$. Tabelle 1.2 im Tipler führt einige weitere Größen und ihre Dimensionen auf.

Anhand der Dimensionen können wir schnell erkennen, ob eine physikalische Gleichung überhaupt korrekt sein *könnte*. Dafür muss sie folgende Bedingungen erfüllen:

- Größen dürfen nur dann addiert oder subtrahiert werden, wenn sie die gleiche Dimension haben.
- Bei Gleichungen müssen links und rechts die gleichen Dimensionen stehen.

$$A = B + C \tag{3.3}$$

geht also nur, wenn A, B und C alle die gleiche Dimension haben. Trifft dies nicht zu, stimmt grundsätzlich etwas mit der Formel nicht. Sie ist bei unserer Dimensionsanalyse durchgefallen.

Allerdings bedeutet eine bestandene Dimensionsanalyse nicht, dass eine Gleichung korrekt ist! Sie kann immer noch aus zahlreichen Gründen verkehrt sein. Die Prüfung der Dimensionen kann nur verhindern, dass wir „Äpfel mit Birnen vergleichen“ oder versehentlich Kraft mit Impuls.

Beispiel

Für die Größe *Druck* sind zahlreiche unterschiedliche Einheiten im Umlauf: Pascal, Bar, physikalische Atmosphäre, technische Atmosphäre, Torr, Millimeter Quecksilbersäule ... Sie alle haben aber die Dimension $M/(L \cdot T^2)$ gemeinsam. Im Gegensatz dazu zeigt die Dimensionsanalyse sofort, dass eine Angabe in Kilopond, die wir manchmal ebenfalls für einen „Druck“ lesen können, mit der Dimension $M \cdot L/T^2$ in Wahrheit keinen Druck, sondern eine Kraft bezeichnet. ◀

Tab. 3.3 Die Dimensionen der SI-Basisgrößen

SI-Grundgröße	Größensymbol	Dimensionssymbol
Länge	l	L
Masse	m	M
Zeit	t	T
elektrischer Strom	I	I
Temperatur	T	Θ
Stoffmenge	n	N
Lichtstärke	I_V	J

3.5 Auf welche Zahlen es wirklich ankommt

Die meisten technisch-wissenschaftlichen Taschenrechner haben Anzeigen mit zehn oder zwölf Stellen. Das verleitet beim Rechnen zu Angaben wie Längen von 3,987348583 mm oder Geschwindigkeiten von 124,987345385 km/h. Da wir wohl kaum mit einer Genauigkeit von 0,000000001 mm bzw. 0.000000001 km/h gemessen haben, sind solch scheinbar exakte Werte unsinnig.

Tipler
Abschnitt *1.4 Signifikante Stellen und Größenordnungen* sowie Beispiele 1.2 bis 1.6

Im Idealfall geben wir unsere **Messwerte** mit dem eigentlichen Wert und dazu dem Messfehler an. Bei einer Längenmessung könnte das so aussehen:

$$x = (17{,}3 \pm 0{,}1)\,\text{cm} \tag{3.4}$$

Bei Rechnungen kommt es auf die Anzahl der Nachkommastellen und der signifikanten Stellen der Daten, mit denen wir arbeiten, an. **Signifikante Stellen** sind alle Ziffern, auf die wir uns verlassen können, also alle Ziffern bis zur Rundungsstelle. Ein Sonderfall ist dabei die Null. Steht sie mitten in der Zahl, gilt sie als signifikante Stelle. Hat sie aber lediglich die Funktion, das Komma festzulegen, ist sie nicht signifikant. Gibt eine Null am Ende aber einen tatsächlich exakten Wert an, ist sie erneut signifikant. Wir können das deutlich machen, indem wir eine weitere Null anhängen, die dann nicht signifikant ist.

Dazu sehen wir uns ein paar Beispiele an:

- 1234 – vier signifikante Stellen.
- 12,34 – vier signifikante Stellen.
- 12304 – fünf signifikante Stellen (die Null befindet sich mitten in der Zahl).
- 0,00123 – drei signifikante Stellen (hier positionieren die Nullen nur das Komma).
- 1230 – drei signifikante Stellen (auch hier gibt die Null nur die Lage des Kommas an).
- 1230 – auch möglich: vier signifikante Stellen, wenn die Null anzeigt, dass die Zahl exakt ist und nicht 1229,9 oder 1230,1 gemeint sind.
- 1230,0 – vier signifikante Stellen (die Null hinter dem Komma zeigt die Signifikanz der anderen Null an).

Es macht also einen Unterschied, ob wir 2,3 oder 2,30 schreiben. Im ersten Fall könnte die Zahl gerundet sein, und es sind in Wahrheit 2,28. Im zweiten Fall wissen wir sicher, dass es 2,30 sind.

Für die **Genauigkeit bei Rechnungen** gelten folgende Regeln:

- Wenn wir mehrere Angaben addieren oder subtrahieren, bekommt das Ergebnis so viele Nachkommastellen, wie die Zahl mit den wenigsten Nachkommastellen hat.
  Beispiel: $12{,}3456 + 23{,}45 + 34{,}567 = 70{,}36$

- Wenn wir mehrere Angaben multiplizieren oder dividieren, bekommt das Ergebnis so viele signifikante Stellen, wie die Zahl mit den wenigsten signifikanten Stellen hat. Beispiel: 1,23 · 0,034 · 78,9321 = 3,3

Runden sollten wir so spät wie möglich, damit sich die Rundungsfehler nicht während der Rechnung verstärken.

Beispiel

Manche Naturkonstanten sind exakt bekannt, weil ihre Werte per Definition festgelegt sind. Dazu zählt die Lichtgeschwindigkeit, die 1983 auf der 17. Generalkonferenz für Maß und Gewicht auf genau 299 792 458 m/s festgelegt wurde. Alle Messungen, die in der Zukunft eine exaktere Bestimmung möglich machen, verändern nicht den Wert der Lichtgeschwindigkeit, sondern jenen des Meters.

Andere Naturkonstanten sind experimentell bestimmt und haben daher Werte, die im Bereich der Nachkommastellen ab einer gewissen Stelle unsicher sind. So beläuft sich der aktuelle Wert der Avogadro-Konstanten, die angibt, wie viele Teilchen in einem Mol enthalten sind, auf $N_A = 6{,}022\,141\,29 \cdot 10^{23}\ \text{mol}^{-1}$. Die Ungenauigkeit liegt bei $0{,}000\,000\,27 \cdot 10^{23}\ \text{mol}^{-1}$. Die beiden letzten Ziffern sind also nicht wirklich sicher. ◀

3.6 Wie genau ist genau?

Wenn wir nicht nur theoretische Rechnungen durchführen, sondern in Experimenten praktische Werte messen, erhalten wir keine exakt zutreffende Ergebnisse. Egal, wie sorgfältig wir arbeiten - es wird immer ein kleiner Fehler bleiben. Das hat zwei verschiedene Ursachen:

Tipler
Abschnitt *1.5 Messgenauigkeit und Messfehler* sowie Beispiele 1.7 bis 1.9

- **Systematische Fehler** sind gewissermaßen der „Teufel im Detail". In diese Kategorie fallen Unzulänglichkeiten der Messapparatur (beispielsweise kann man mit einem Lineal Längen nicht genauer als 0,2 mm bestimmen) und Fehler bei der Durchführung (etwa, wenn man beim Anrühren der Lösungen das Wägepapier mitwiegt). Auf systematische Fehler werden wir aufmerksam, wenn jemand Anderes mit einem anderen Gerät und idealerweise mit einer anderen Methode zu einem abweichenden Ergebnis kommt.
- **Statistische Fehler** entstehen durch zufällige Schwankungen. Sie lassen sich minimieren, indem wir eine möglichst große Zahl von Messungen durchführen und statistisch auswerten.

Für die **statistische Auswertung mehrerer Messungen**, die alle gleich durchgeführt wurden, haben sich bestimmte Angaben bewährt. Im Tipler werden sie anhand der Ergebnisse einer Klausur erklärt. Wir wählen als Beispiel pH-Messungen an einer Lösung. Bei insgesamt 20 Messungen haben wir folgende Resultate erhalten:
1-mal pH 9,4,
4-mal pH 9,5,
10-mal pH 9,6,
3-mal pH 9,7 und
2-mal pH 9,8.

- Eine **Verteilungsfunktion** gibt uns für jeden Wert an, bei welchem Anteil der Messungen wir ihn ermittelt haben. So haben wir nur ein einziges Mal von insgesamt 20 Messungen pH 9,4 erhalten. Der Anteil beträgt damit 1/20 = 0,05. Für pH 9,5 waren es

vier Messungen und damit ein Anteil von 4/20 = 0,2. Allgemein erhalten wir für jedes Messergebnis mit der durchlaufenden Nummer i den Anteil f_i, wenn wir die Anzahl der Messungen mit diesem speziellen Ergebnis n_i durch die Gesamtzahl der Messungen n teilen:

$$\sum_i f_i = \sum_i \frac{n_i}{n} = \frac{1}{n} \sum_i n_i \tag{3.5}$$

Dabei müssen wir darauf achten, dass die Summe aller Anteile 1 ergibt, was praktisch bedeutet, dass bei jeder Messung überhaupt ein Wert herausgekommen sein muss und wir bei unserer Rechnung alle Werte berücksichtigt haben. Mathematisch bezeichnen wir dies als die **Normierungsbedingung**:

$$\sum_i f_i = 1 \tag{3.6}$$

- Das **arithmetische Mittel** oder kurz den **Mittelwert** $\langle s \rangle$ unserer Ergebnisse erhalten wir, wenn wir alle Werte s_i zusammenzählen und durch die Anzahl der Messungen teilen:

  $$\langle s \rangle = \frac{1}{n} \sum_i n_i s_i = \sum_i s_i f_i \tag{3.7}$$

  In unserem Beispiel beträgt der pH-Wert im Mittel 9,6.
- Führen wir eine Messreihe durch, bei welcher es vereinzelt Spitzenwerte gibt, die deutlich aus den übrigen Messergebnissen herausragen, aber für die Messung wichtig sind, können wir sie stärker berücksichtigen, indem wir das **quadratische Mittel** $\langle s^2 \rangle$ (im Tipler als **mittleres Ergebnisquadrat** bezeichnet) und dessen Wurzel, den **quadratischen Mittelwert** s_{rms} (im Tipler: das **quadratisch gemittelte Ergebnis**) bestimmen:

  $$\langle s^2 \rangle = \frac{1}{n} \sum_i s_i^2 n_i = \sum_i s_i^2 f_i \tag{3.8}$$

  $$s_{\mathrm{rms}} = \sqrt{\langle s^2 \rangle} \tag{3.9}$$

  Der Index $_{\mathrm{rms}}$ steht für *root mean square*.
  Da wir keine „Ausreißer“ in unserer Messreihe haben, liegt auch der quadratische Mittelwert bei pH 9,6.

Für die **statistische Auswertung von sehr vielen Messwerten** geht die diskrete Verteilung, die in Abbildung 1.2 im Tipler als Balkendiagramm dargestellt ist, in eine glatte Kurve über, wie es Abbildung 1.3 im Tipler zeigt. Statt mit einzelnen Werten arbeiten wir nun mit der Funktion einer Kurve für diese Verteilung. Häufig wissen wir nicht, wie diese Funktion aussieht. Viele Messungen, deren Werte x mit gleicher Wahrscheinlichkeit zufällig größer oder kleiner als der Mittelwert $\langle x \rangle$ sind, folgen aber der **Normalverteilung** oder **Gaußverteilung**:

$$f(x) = \frac{1}{\sigma \sqrt{2\pi}} \mathrm{e}^{-\frac{(x-\langle x \rangle)^2}{2\sigma^2}} \tag{3.10}$$

Den Verlauf der typischen Glockenkurve der Normalverteilung sehen wir in Abbildung 1.4 im Tipler (dort ist die Variable x teilweise wegen eines Beispiels durch h ersetzt). Die drei Kurven sind unterschiedlich breit und hoch. Weil die Flächen unter den Kurven normiert sind (wieder muss es immer irgendeinen Messwert gegeben haben), sind breite Kurven niedriger. Bei ihnen verteilen sich die Messwerte über einen größeren Bereich und weichen häufiger vom Mittelwert ab als bei den schmalen, hohen Kurven. Das Maß für die Breite der Streuung sind die **Varianz** und deren Wurzel, die **Standardabweichung** σ:

$$\sigma = \sqrt{\langle x^2 \rangle - \langle x \rangle^2} \tag{3.11}$$

Je kleiner die Standardabweichung ist, desto enger liegen die Messwerte beieinander. Bei einer Normalverteilung gilt:
68,3 % aller Werte befinden sich im Intervall $\langle x \rangle \pm 1\,\sigma$,
96,5 % aller Werte befinden sich im Intervall $\langle x \rangle \pm 2\,\sigma$ und
99,7 % aller Werte befinden sich im Intervall $\langle x \rangle \pm 3\,\sigma$.

In einer **realen Messreihe** führen wir eigentlich nicht ausreichend viele Messungen durch, um eine echte Normalverteilung aus unendlich vielen Punkten zu erhalten. Stattdessen machen wir lediglich eine **Stichprobe vom Umfang** n, mit der wir versuchen, möglichst dicht an die idealen Parameter heranzukommen:

- Als Näherung für den wahren Mittelwert nehmen wir das arithmetische Mittel:

$$\langle x \rangle = \frac{1}{n} \sum_{i=1}^{n} x_i = \frac{1}{n}(x_1 + x_2 + x_3 + \cdots + x_n) \tag{3.12}$$

  Für unsere pH-Messungen erhalten wir pH 9,6.

- Wie weit dieses arithmetische Mittel unserer Stichprobe vom wahren Mittelwert abweichen könnte, geht aus der **Standardabweichung des Mittelwerts** oder dem **mittleren Fehler des Mittelwerts** hervor:

$$\Delta x = \frac{\sigma}{\sqrt{n}} = \sqrt{\frac{1}{n(n-1)} \sum_{i=1}^{n} (x_i - \langle x \rangle)^2} \tag{3.13}$$

  Der Fehler für unseren mittleren pH-Wert liegt bei 0,02. Der wahre Mittelwert ist demnach wahrscheinlich im Bereich von pH 9,6 ± 0,02 zu finden.
  Je mehr Messungen n eine Stichprobe umfasst, desto näher kommen wir damit an den wahren Mittelwert der Verteilung. Neben der Größe der Stichprobe kommt es aber auch auf die Streuung der Einzelwerte an.

- Wie breit die Messwerte streuen, verrät uns die **Standardabweichung** σ, die für jeden einzelnen Messwert nachprüft, wie weit er vom Mittel abweicht:

$$\sigma = \sqrt{\frac{1}{n-1} \sum_{i=1}^{n} (x_i - \langle x \rangle)^2} \tag{3.14}$$

  Die Standardabweichung der pH-Daten beträgt 0,1. Es liegen also 68,3 % aller Werte im Intervall pH 9,6 ± 0,1. (Tatsächlich sind es bei unserem Beispiel sogar 85 %. Der Unterschied kommt daher, dass unsere 20 Werte eigentlich zu wenig für diese Art der Auswertung sind.)

Wollen wir das Ergebnis einer Messung vollständig angeben, müssen wir den Mittelwert und die Standardabweichung aufführen:

$$x = (\langle x \rangle \pm \sigma)\,[\mathrm{x}] \tag{3.15}$$

$[x]$ steht hier für die Einheit der Größe x.

In einer anderen Schreibweise werden die signifikanten Stellen der Standardabweichung in Klammern direkt an den Mittelwert gehängt:

$$x = \langle x \rangle(\sigma)\,[\mathrm{x}] \tag{3.16}$$

Korrekt wären beispielsweise:

$$s = (4{,}7 \pm 0{,}2)\,\mathrm{m} \text{ oder } s = 4{,}7(2)\,\mathrm{m}$$
$$m = (12{,}53 \pm 0{,}04)\,\mathrm{kg} \text{ oder } m = 12{,}53(4)\,\mathrm{kg}$$
$$v = (127 \pm 3)\,\mathrm{km/h} \text{ oder } v = 127(3)\,\mathrm{km/h}$$

Beispiel

Der aktuelle Wert der Boltzmann-Konstante, über welche die Temperatur und die thermische Energie eines Teilchens verknüpft sind, beträgt $k_B = 1{,}3806488 \cdot 10^{-23}$ J/K mit einer Standardabweichung von $0{,}0000013 \cdot 10^{-23}$ J/K. Wir können diese Angaben auf zwei Weisen zusammenfassen:

$$k_B = (1{,}3806488 \cdot 10^{-23} \pm 0{,}0000013 \cdot 10^{-23})\ \mathrm{J/K}$$

oder

$$k_B = 1{,}3806488(13) \cdot 10^{-23}\ \mathrm{J/K}$$ ◀

Häufig können wir eine Größe Y nicht direkt messen, sondern müssen sie indirekt mit Hilfe einer Formel aus anderen Messungen ($X_1, X_2, X_3, \ldots$) berechnen. Jeder der eingehenden Werte ist aber mit einem Fehler ΔX_i behaftet, sodass auch unser berechnetes Y um ΔY neben dem wirklichen Wert liegt. Wir sprechen hier von einer **Fehlerfortpflanzung**, weil sich der Messfehler in der Rechnung auf nachfolgende Größen überträgt.

Die **Fehlerrechnung**, mit der wir versuchen können, ΔY abzuschätzen, verläuft recht kompliziert und je nach den Abhängigkeiten der verschiedenen Messgrößen untereinander nach verschiedenen Verfahren. Das Fehlerfortpflanzungsgesetz von Gauß, das im Tipler aufgeführt ist, gilt beispielsweise nur dann, wenn die einzelnen Messgrößen unabhängig voneinander sind.

Verständnisfragen

1. Wie lassen sich Angaben in Metern und in Yards miteinander vergleichen?
2. Worin unterscheiden sich Basiseinheiten und abgeleitete Einheiten?
3. Liegt das Gewicht von Menschen (etwa 70 kg) und Elefanten (etwa 3 t) in der gleichen Größenordnung?

Mathematische Grundlagen

4

Wenn Physiker sagen, dass Physik die exakteste aller Naturwissenschaften sei, dann haben sie meistens das Ideal vor Auge, dass die Physik die Vorgänge in der Natur nicht nur mit Worten qualitativ beschreibt, sondern diese mit mathematischen Modellen simuliert und quantitative Angaben zu den verschiedenen beteiligten Größen macht. Für die Physik bewegen sich Wassermoleküle bei einer Temperatur von 300 K nicht einfach „ziemlich schnell", sondern mit 370,8 m/s. Die Knallgasreaktion ist nicht nur exotherm, sondern gibt 286 kJ pro Mol entstandenen Wassers frei. Und die Atomorbitale eines Atoms sind nicht mehr als Wahrscheinlichkeitsdichten, die sich für jeden Punkt im Raum mit Hilfe komplizierter Formeln wie der Schrödingergleichung und der Dirac-Gleichung ausrechnen lassen.

Die Beispiele zeigen, dass einerseits in der Physik viel gerechnet wird und andererseits viele dieser Rechnungen chemische Abläufe genauer beschreiben und uns häufig sogar erlauben, eine zutreffende Vorhersage zu machen, wie ein Experiment ausgehen wird. Wer ernsthaft Chemie betreiben und verstehen will, kommt deshalb nicht um die Physik und ihre mathematischen Formeln herum.

Für das Verständnis der mathematischen Formeln und Gleichungen müssen wir unser Schulwissen aus dem Mathematikunterricht reaktivieren oder die entsprechenden Abschnitte in den Studienunterlagen zur Mathematik zu Hilfe nehmen. In diesem Kapitel wiederholen wir kurz und knapp einige mathematische Grundlagen, auf die wir in diesem Studienmodul angewiesen sein werden. Mit ihrer Hilfe werden wir viele physikalische Formeln besser verstehen und mit ihnen rechnen können. Häufig wird uns sogar ein Blick auf eine Gleichung genügen, um ihre wesentlichen Eigenschaften zu erfassen – ganz ohne Rechnung.

4.1 Rechnen mit Potenzen und Logarithmen

Eine fast schon typische Komponente in physikalischen Formeln sind Zahlen oder Variablen in **Exponentenschreibweise** wie beispielsweise t^2 oder e^{-x}. Die unten stehende Angabe nennen wir die Basis, die hochgestellte Angabe den Exponenten oder die Potenz:

Tipler
Abschnitt *41.6 Potenzen und Logarithmen* sowie Beispiele 41.6 und 41.7

$$\text{Basis}^{\text{Exponent}} \tag{4.1}$$

Besonders häufig begegnen uns solche Konstrukte bei der Exponentialschreibweise für besonders große oder kleine Zahlen (siehe Abschnitt 3.3). Hier ist die Basis 10. Oft stoßen wir auch auf die Euler'sche Zahl e als Basis. Sie tritt unter anderem dann auf, wenn eine Größe exponentiell anwächst oder fällt, also innerhalb des gleichen Zeitraums ihren Wert verdoppelt oder halbiert. Den ersten Fall können wir beispielsweise beim Wachstum von Bakterienkolonien beobachten, das andere Szenario liegt beim radioaktiven Zerfall vor:

$$N = N_0 \cdot \mathrm{e}^{\lambda t} \quad \text{(Bakterienwachstum)} \tag{4.2}$$

$$N = N_0 \cdot \mathrm{e}^{-\lambda t} \quad \text{(radioaktiver Zerfall)} \tag{4.3}$$

Wir sehen, dass ein Prozess, bei dem der Wert zunimmt, einen Exponenten mit einem positiven Vorzeichen hat, nimmt der Wert ab, ist der Exponent negativ.

Für Rechnungen mit Termen in Exponentenschreibweise gibt es einige wichtige Regeln:

- Ist der Exponent gleich 0, ist der Term gleich 1:

$$x^0 = 1 \tag{4.4}$$

- Ist der Exponent negativ, können wir auch den Kehrwert des Terms mit einem positiven Exponenten schreiben:

$$x^{-n} = \frac{1}{x^n} \tag{4.5}$$

- Werden zwei Terme mit der gleichen Basis multipliziert, können wir sie zusammenfassen, indem wir ihre Exponenten addieren:

$$x^n \cdot x^m = x^{n+m} \tag{4.6}$$

- Werden zwei Terme mit der gleichen Basis durcheinander geteilt, müssen wir ihre Exponenten beim Zusammenfassen voneinander abziehen:

$$\frac{x^n}{x^m} = x^{n-m} \tag{4.7}$$

- Potenzieren wir einen Ausdruck mitsamt seines Exponenten noch einmal, werden die beiden Exponenten miteinander multipliziert:

$$\left(x^n\right)^m = x^{n \cdot m} \tag{4.8}$$

- Ist der Exponent ein Bruch, können wir den Term auch als Wurzelausdruck schreiben. Der Zähler des Bruchs bleibt dabei weiterhin als Exponent erhalten, während der Nenner angibt, welche Wurzel wir ziehen müssen:

$$x^{n/m} = \sqrt[m]{x^n} \tag{4.9}$$

Beispiel

Mit der Wellenfunktion können wir bestimmen, wo das Elektron des Wasserstoffatoms vermutlich anzutreffen ist. Die Funktion enthält einen Term mit der Basis e und einem negativen Exponenten, in dem der Abstand zum Kern enthalten ist. Wir erkennen daran auch ohne Rechnung, dass die Wahrscheinlichkeit, das Elektron zu finden, mit zunehmendem Abstand dramatisch abfällt. ◀

Drehen wir die Rechnung mit Basis und Exponent um, kommen wir zu den **Logarithmen**. Der Logarithmus einer Zahl ist der Exponent, mit dem wir die Basis potenzieren müssten, um die Zahl zu erhalten.

$$\log_{\text{Basis}} \text{Zahl} = \text{Logarithmus} \tag{4.10}$$

$$\log_{10} x = y \tag{4.11}$$

$$10^y = x \tag{4.12}$$

In Beispielen:

$$\log_{10} 1000 = \log 1000 = 3$$
$$\log 100 = 2$$
$$\log 50 = 1{,}699$$
$$\log_e 1000 = \ln 1000 = 6{,}91$$
$$\ln 100 = 4{,}61$$

Im Prinzip können wir zu jeder Basis den Logarithmus einer Zahl berechnen. In der Physik und in der Chemie begnügen wir uns aber mit zwei Basen, die sich in ihren Symbolen unterscheiden:

- Der **dekadische Logarithmus** hat die Basis 10 und das Symbol log, manchmal auch lg.
- Der **natürliche Logarithmus** hat die Basis e und das Symbol ln.

Wir können die beiden Varianten ineinander umrechnen, indem wir mit $\ln 10 \approx 2{,}3$ multiplizieren oder dividieren:

$$\ln x = \ln 10 \cdot \log x \approx 2{,}3 \cdot \log x \tag{4.13}$$

$$\log x = \frac{\ln x}{\ln 10} \approx \frac{\ln x}{2{,}3} \tag{4.14}$$

Unabhängig von der Basis gelten für das Rechnen mit Logarithmen ähnliche Regeln wie bei Potenzen:

- Der Logarithmus von 1 ist 0:

$$\log 1 = 0 \tag{4.15}$$

- Der Logarithmus zur jeweiligen Basis ist gleich 1:

$$\log 10 = 1 \tag{4.16}$$

$$\ln \mathrm{e} = 1 \tag{4.17}$$

- Statt Zahlen miteinander zu multiplizieren, können wir ihre Logarithmen addieren und dann als Exponenten zur Basis setzen:

$$x \cdot y = 10^{\log x + \log y} \tag{4.18}$$

  Beispielsweise: $100 \cdot 1000 = 10^{\log 100 + \log 1000} = 10^{2+3} = 10^5$.
- Umgekehrt können wir den Exponenten einer potenzierten Zahl, die wir logarithmieren wollen, in Summanden zerlegen und die Logarithmen miteinander addieren:

$$\log x^y = \log x^{n+m} = n + m \tag{4.19}$$

  Beispielsweise: $\log 10^5 = \log 10^{3+2} = 3 + 2 = 5$.
- Wir können den Exponenten einer potenzierten Zahl, die logarithmiert werden soll, vor den Logarithmus ziehen und mit dem Logarithmus der Zahl multiplizieren:

$$\log x^n = n \cdot \log x \tag{4.20}$$

  Beispielsweise: $\log 10^3 = 3 \cdot \log 10 = 3 \cdot 1 = 3$.

Beispiel

Der pH-Wert einer Lösung ist rechnerisch der negative dekadische Logarithmus der Wasserstoffionenaktivität (bei verdünnten Lösungen oder starken Säuren dürfen wir auch mit der Konzentration statt der Aktivität rechnen). ◀

4.2 Rechnen mit Vektoren

Manche physikalischen Größen haben nicht nur einen skalaren Wert, der aus einer Zahl und gegebenenfalls einer Einheit besteht, wie beispielsweise $m = 10\,\mathrm{kg}$, sondern darüber hinaus eine Richtung. Wenn sich ein Körper bewegt, kommt es nicht nur darauf an, wie weit oder wie schnell er vorwärts kommt, oft müssen wir auch wissen, wo dieses „vorwärts" eigentlich ist. Solche Angaben können wir in einem **Vektor** vereinen.

- Ein **Skalar** besteht aus einem Zahlwert und eventuell einer Einheit.
  Beispiele: 10; 27,4; 13/19; π; 2,5 m; 3,7 J/(m s^2)
- Ein **Vektor** besitzt zusätzlich eine Richtung.
  Beispiele werden wir im Laufe dieses Abschnitts besprechen.

Zeichnerisch lässt sich ein Vektor am besten als Pfeil darstellen wie in Abbildung 2.2 im Tipler gezeigt. Zeichnen wir ein Koordinatensystem so, dass dessen Ursprung am Beginn des Vektors liegt, können wir an der x- und der y-Achse ablesen, wie weit sich der Vektor in die jeweilige Richtung erstreckt. Weil er vom Ursprung auf einen Punkt in der Ebene deutet, bezeichnen wir ihn als **Ortsvektor**.

Wir haben zwei verschiedene **Schreibweisen**, um einen Vektor von einem Skalar (einer normalen Zahl mit oder ohne Einheit) zu unterscheiden:

- Mit einem kleinen Pfeil über dem Symbol: $\vec{r}$.
  Diese Möglichkeit ist bei handschriftlichen Rechnungen sinnvoll.
- Durch Fettdruck: $\boldsymbol{r}$.
  Diese Variante wird im Tipler verwendet, und wir benutzen sie in den Studienheften.

Wollen wir den Wert eines Vektors angeben, gibt es auch dafür zwei äquivalente Schreibweisen:

- Wir schreiben die Koordinaten entlang jeder Achse des Koordinatensystems hintereinander, durch Leerzeichen, Kommas oder senkrechte Striche voneinander getrennt. Diese Schreibweise nennen wir Zeilenvektor.
  Beispiel: $\boldsymbol{r} = (3 \quad 4)$, $\boldsymbol{r} = (3,\ 4)$ oder $\boldsymbol{r} = (3|4)$.
- Für die Schreibweise als Spaltenvektor setzen wir die Koordinaten übereinander in eine Matrize.
  Beispiel: $\boldsymbol{r} = \begin{pmatrix} 3 \\ 4 \end{pmatrix}$.

Die **Länge eines Vektors** erhalten wir nach dem Satz des Pythagoras. Sie entspricht dem Betrag des Vektors:

$$|\boldsymbol{r}| = \left|\begin{pmatrix} x \\ y \end{pmatrix}\right| = \sqrt{x^2 + y^2} = \sqrt{\boldsymbol{r}^2} \tag{4.21}$$

Im Prinzip können sich Vektoren in beliebig viele Dimensionen erstrecken. Die Länge eines **dreidimensionalen Vektors** errechnet sich nach:

$$|\boldsymbol{r}| = \left|\begin{pmatrix} x \\ y \\ z \end{pmatrix}\right| = \sqrt{x^2 + y^2 + z^2} = \sqrt{\boldsymbol{r}^2} \tag{4.22}$$

Manchmal erleichtert es uns die Rechnung, wenn wir den Zahlenwert eines Vektors und seine Einheit voneinander trennen. Die Einheit trägt dann ein **Einheitsvektor**, der genau eine Einheit lang und im Tipler mit einem Dach über dem Symbol gekennzeichnet ist: $\hat{\boldsymbol{x}}$. In Abbildung 2.2 im Tipler ist diese Trennung für die x- und die y-Achse durchgeführt. Liegt der Punkt etwa bei 3,5 cm nach rechts und 3,5 cm nach oben und ist der jeweilige Einheitsvektor genau 1 cm lang, dann müssten wir den x-Zahlenwert und den Einheitsvektor direkt hintereinander schreiben und mit der y-Komponente genauso verfahren:

$$\boldsymbol{r} = x\hat{\boldsymbol{x}} + y\hat{\boldsymbol{y}} \tag{4.23}$$

Manche Vektoren gelten aus physikalischen Gründen für einen ganz bestimmten Punkt im Raum, weshalb wir sie als **gebundene Vektoren** bezeichnen. Die elektrische Feldstärke ist solch ein gebundener Vektor, weil sie an verschiedenen Orten im Raum unterschiedlich stark ist und in verschiedene Richtungen weist. Zusammen ergeben die Vektoren ein **Vektorfeld**, eben das elektrische Feld. Die Abbildungen 18.20 bis 18.24 im Tipler zeigen Schemazeichnungen des elektrischen Felds, in denen zwar nicht die Feldvektoren eingetragen sind, sondern Feldlinien, die entstehen, wenn man die Vektoren grafisch miteinander zu längeren Linien verschmelzen lässt.

Im Gegensatz zu gebundenen Vektoren dürfen wir **freie Vektoren** im Raum verschieben, weil es bei ihnen nicht auf die genaue Position ankommt. Bei einer Parallelverschiebung bleiben der Betrag und die Richtung des Vektors gleich, sodass eigentlich alle Vektoren mit gleicher Länge und Ausrichtung den gleichen freien Vektor darstellen.

Beispiel

Viele physikalische Größen sind Vektorgrößen, darunter Weg, Geschwindigkeit, Impuls und Kraft aus der Mechanik, das elektrische und magnetische Feld sowie Lichtwellen. ◀

Für das **Rechnen mit Vektoren** gelten besondere Rechenregeln, von denen wir uns die wichtigsten einmal ansehen werden.

Durch die **Multiplikation eines Vektors mit einem Skalar** wird der Betrag des Vektors verändert, also die Länge des Pfeils beeinflusst. Ist der skalare Faktor größer als 1, wird der Vektorpfeil länger, ist er kleiner, wird der Pfeil kürzer. Solange der Faktor positiv ist, behält er aber seine Richtung bei. Ein negativer Faktor dreht die Richtung des Pfeils um. Rechnerisch müssen wir jede Komponente des Vektors mit dem Faktor multiplizieren. Das Ergebnis ist wieder ein Vektor.
Beispiel:

$$3 \cdot \begin{pmatrix} 3{,}5 \\ 4 \end{pmatrix} = \begin{pmatrix} 3 \cdot 3{,}5 \\ 3 \cdot 4 \end{pmatrix} = \begin{pmatrix} 10{,}5 \\ 12 \end{pmatrix} \tag{4.24}$$

Die Multiplikation eines Vektors mit 1 verändert ihn nicht (neutrales Element). Nehmen wir den Vektor mit −1 mal, drehen wir nur seine Richtung um (inverses Element). Eine Multiplikation mit 0 ergibt auch bei Vektoren als Ergebnis 0.

Für die skalare Multiplikation gilt das Distributivgesetz, wonach wir bei Multiplikation von mehreren Skalaren mit einem Vektor oder einem Skalar mit mehreren Vektoren die Klammern ausmultiplizieren dürfen:

$$(a + b) \cdot \boldsymbol{r} = a \cdot \boldsymbol{r} + b \cdot \boldsymbol{r} \tag{4.25}$$

$$a \cdot (\boldsymbol{r} + \boldsymbol{s}) = a \cdot \boldsymbol{r} + a \cdot \boldsymbol{s} \tag{4.26}$$

Auch das Assoziativgesetz ist gültig, wenn nur eine der Größen ein Vektor ist:

$$(a \cdot b) \cdot \boldsymbol{r} = a \cdot (b \cdot \boldsymbol{r}) = b \cdot (a \cdot \boldsymbol{r}) \tag{4.27}$$

Die **Addition zweier Vektoren** ergibt ebenfalls einen neuen Vektor. Zeichnerisch setzen wir den zweiten Vektor mit seinem Anfangspunkt an die Spitze des ersten Vektors, wie es in Abbildung 2.2 im Tipler zu sehen ist. Die beiden schwarzen Vektoren entlang der x- und y-Achse ergeben zusammen den roten Vektor. Rechnerisch addieren wir dafür die entsprechenden Komponenten:

$$\begin{pmatrix} 3{,}5 \\ 4 \end{pmatrix} + \begin{pmatrix} 2 \\ 7{,}4 \end{pmatrix} = \begin{pmatrix} 3{,}5 + 2 \\ 4 + 7{,}4 \end{pmatrix} = \begin{pmatrix} 5{,}5 \\ 11{,}4 \end{pmatrix} \tag{4.28}$$

Die Reihenfolge der Vektoren ist bei der Addition egal. Es gilt das Kommutativgesetz:

$$\boldsymbol{a} + \boldsymbol{b} = \boldsymbol{b} + \boldsymbol{a} \tag{4.29}$$

Außerdem dürfen wir uns nach dem Assoziativgesetz bei mehr als zwei zu addierenden Vektoren die Reihenfolge, in der wir die Rechnung durchführen, aussuchen:

$$(\boldsymbol{a} + \boldsymbol{b}) + \boldsymbol{c} = \boldsymbol{a} + (\boldsymbol{b} + \boldsymbol{c}) \tag{4.30}$$

Durch Addition eines **Verschiebevektors** zu einem Ortsvektor verschieben wir den Punkt, auf den der Ortsvektor zeigt, an eine andere Stelle. Abbildung 2.3 im Tipler gibt hierfür ein Beispiel. Indem wir zum Ortsvektor $\boldsymbol{r_1}$ den Verschiebevektor $\boldsymbol{\Delta r}$ addieren, wandert der Punkt P auf einen neuen Platz, von P_1 auf P_2. Der Ortsvektor $\boldsymbol{r_2}$, den wir durch die Addition erhalten haben, weist auf diesen Punkt. Wir führen diese Prozedur durch, wenn wir Bewegungen durch Vektoren beschreiben wollen.

Häufig nutzen wir die Regeln zur Vektoraddition aber nicht, um mehrere Vektoren zu einem neuen Vektor zu kombinieren, sondern zur Zerlegung eines Vektors in verschiedene Komponenten. Ein Beispiel für solch eine **Vektorzerlegung** sehen wir in Abbildung 2.35 im Tipler. Die Geschwindigkeit eines geworfenen Gegenstands können wir für jeden Punkt mit einem Vektor zeigen. Während der Flugphase ändert der Gegenstand durch die Gravitationskraft seine Richtung und seine Geschwindigkeit. Die Wirkung der Gravitation können wir berechnen. Allerdings zeigt sie lotrecht nach unten und wirkt deshalb nur auf die y-Komponente des Geschwindigkeitsvektors. Für die Berechnung der Flugbahn zerlegen wir deshalb den Geschwindigkeitsvektor in einen Vektor entlang der x-Achse und einen parallel zur y-Achse. In der Abbildung ist dies an mehreren Stellen durch die hellblauen Pfeile angedeutet. Addiert ergeben sie stets den zugehörigen dunkelblauen Geschwindigkeitsvektor. Den y-Komponenten-Vektor können wir nun mit dem jeweiligen Vektor für die Gravitation kombinieren – und schon beschreibt der Gegenstand einen schönen Bogen.

Beispiel

Vektoradditionen begegnen uns unter anderem bei Geschwindigkeiten, die zwei Komponenten haben wie in den Beispielen 2.7 und 2.11 im Tipler, bei Pendelschwingungen, bei Kreisbewegungen und besonders häufig beim gleichzeitigen Wirken mehrerer Kräfte, wie in Kapitel 3 im Tipler. ◀

Die **Multiplikation zweier Vektoren** ergibt das sogenannte **Skalarprodukt** oder innere Produkt. Mit ihm müssen wir arbeiten, wenn zwei Vektorgrößen zusammenwirken, wie beispielsweise bei der Arbeit W, die von der Kraft $\boldsymbol{F}$ und dem Weg $\boldsymbol{s}$ abhängt:

$$W = \boldsymbol{F} \cdot \boldsymbol{s} \tag{4.31}$$

Das Skalarprodukt ist kein Vektor, sondern ein Skalar – eine Zahl mit oder ohne zugehöriger Einheit.

Im Idealfall weisen beide Vektoren in die gleiche Richtung wie in Abbildung 5.2(a) im Tipler. Meistens zeigen sie aber in mehr oder weniger voneinander abweichende Richtungen und schließen den Winkel θ zwischen sich ein. Dann gelten nur diejenigen Komponentenanteile, die beiden Vektoren gemeinsam sind. In Abbildung 5.2(b) im Tipler wäre dies die Kraftkomponente entlang der x-Achse, wohingegen alle Kraftanteile in y-Richtung verfallen. Rechnerisch lösen wir dies, indem wir die Beträge der Vektoren mit dem Kosinus des Winkels multiplizieren:

$$W = |\boldsymbol{F}| \cdot |\boldsymbol{s}| \cdot \cos\theta \tag{4.32}$$

Allgemein formuliert ist das Skalarprodukt:

$$\boldsymbol{a} \cdot \boldsymbol{b} = |\boldsymbol{a}| \cdot |\boldsymbol{b}| \cdot \cos\theta \tag{4.33}$$

Oder in der Darstellung mit den einzelnen Komponenten (hier für drei Dimensionen):

$$\boldsymbol{a} \cdot \boldsymbol{b} = \begin{pmatrix} a_x \\ a_y \\ a_z \end{pmatrix} \cdot \begin{pmatrix} b_x \\ b_y \\ b_z \end{pmatrix} = a_x b_x + a_y b_y + a_z b_z \tag{4.34}$$

Gesprochen wird $\boldsymbol{a} \cdot \boldsymbol{b}$ als „a Punkt b“.

Die Kosinusfunktion liefert uns zwei interessante Spezialfälle:

- Wenn die Vektoren in die gleiche Richtung weisen, ist der Winkel 0° und sein Kosinus 1. Das Skalarprodukt ist dann das Produkt der Beträge der Vektoren:

$$\boldsymbol{a} \cdot \boldsymbol{b} = |\boldsymbol{a}| \cdot |\boldsymbol{b}| \tag{4.35}$$

- Stehen die Vektoren senkrecht aufeinander, ist der Winkel 90°, und es gibt keine Komponenten, die in die gleiche Richtung weisen. Der Kosinus ist deshalb 0, und das Skalarprodukt ist ebenfalls gleich 0.

Für das Skalarprodukt gelten ebenfalls:

- das Kommutativgesetz ($\boldsymbol{a}\,\boldsymbol{b} = \boldsymbol{b}\,\boldsymbol{a}$),
- das Assoziativgesetz bei zwei Vektoren ($(n\,\boldsymbol{a})\,\boldsymbol{b} = \boldsymbol{a}\,(n\,\boldsymbol{b}) = n\,(\boldsymbol{a}\,\boldsymbol{b})$),
- das Distributivgesetz ($\boldsymbol{a}\,(\boldsymbol{b} + \boldsymbol{c}) = \boldsymbol{a}\,\boldsymbol{b} + \boldsymbol{a}\,\boldsymbol{c}$),
- aber nicht das Assoziativgesetz bei drei oder mehr Vektoren ($\boldsymbol{a}\,(\boldsymbol{b}\,\boldsymbol{c}) \neq (\boldsymbol{a}\,\boldsymbol{b})\,\boldsymbol{c}$).

Außerdem können wir die skalare Multiplikation nicht umkehren, weil es mehr als eine Kombination von Vektoren gibt, um ein Skalarprodukt zu erhalten. Rechnerisch haben wir deshalb keine Möglichkeit um festzustellen, ob eine bekannte Arbeit von einer kleinen Kraft geleistet wurde, die in die passende Richtung gewirkt hat, oder ob eine riesige Kraft am Werk war, von der nur ein kleiner Teil in die Arbeit geflossen ist.

Beispiel

Wir nutzen das Skalarprodukt häufig, wenn Arbeit nicht auf geradem, sondern auf einem schiefen oder krummen Weg erbracht wird. Beispiel 5.3 im Tipler beschreibt dies anhand einer Kiste, die über eine Rampe geschoben wird. Beispiel 5.4 im Tipler behandelt ein Teilchen, auf das während seiner Wanderung eine schräg einfallende Kraft wirkt. Obwohl die dabei eingesetzten Werte sehr groß sind, ist der Fall auch für uns relevant: Bei der Massenspektroskopie fliegen Ionen durch ablenkende elektrische Felder, die eine Kraft auf die Teilchen ausüben. ◀

Ist ein Körper nicht frei beweglich im Raum, sondern an einem Punkt fixiert, wird er von einer Kraft nicht verschoben, sondern gedreht. Abbildung 8.21 im Tipler demonstriert dies am Beispiel einer runden Scheibe, die sich im ihre Achse im Punkt O drehen kann. Die Kraft $\boldsymbol{F}$ greift in einem weiter außen liegenden Punkt an, den wir von O aus über den Vektor $\boldsymbol{r}$ erreichen. Im realen Leben begegnet uns solch eine Situation beispielsweise beim Reifenwechsel, wenn wir einen Drehmomentschlüssel verwenden, um die Muttern zu lösen oder festzuziehen. Von der Kraft $\boldsymbol{F}$ weist ein Teil in die Verlängerung von $\boldsymbol{r}$ und zerrt damit nutzlos an der Achse. Diese radiale Komponente $\boldsymbol{F_r}$ verpufft gewissermaßen. Die Rotation wird nur vom tangentialen Kraftanteil $\boldsymbol{F_t}$ angetrieben, und der kann umso stärker wirken, je weiter außen er ansetzt. Es ist wie beim Hebel: Je länger der Hebelarm ist, desto mehr Effekt hat die eingesetzte Kraft. Die Kombination von wirkungsvollem Kraftanteil und Abstand ergibt das Drehmoment $\boldsymbol{M}$, das Rotations-Pendant zur Kraft bei einer geradlinigen Bewegung. Wir erhalten es über das Vektorprodukt der beiden Vektoren.

Das **Vektorprodukt**, äußere Produkt oder Kreuzprodukt zweier Vektoren ist ein neuer Vektor, der senkrecht auf den beiden Ausgangsvektoren steht (Abbildungen 8.23 und 8.24 im Tipler). Es wird durch ein Kreuz symbolisiert:

$$\boldsymbol{a} \times \boldsymbol{b} = \boldsymbol{c} \tag{4.36}$$

Gesprochen wird diese Schreibweise als „a Kreuz b".
Für unser Beispiel mit dem Drehmoment ist das Vektorprodukt:

$$\boldsymbol{M} = \boldsymbol{r} \times \boldsymbol{F} \tag{4.37}$$

Das Vektorprodukt hat folgende Eigenschaften:

- Es steht senkrecht auf den Vektoren, aus denen es hervorgegangen ist.
- Die Ausgangsvektoren und ihr Vektorprodukt bilden ein sogenanntes Rechtssystem wie beispielsweise das Koordinatensystem mit x-, y- und z-Achse.

- Sein Betrag ist $|\boldsymbol{c}| = |\boldsymbol{a} \times \boldsymbol{b}| = |\boldsymbol{a}| \cdot |\boldsymbol{b}| \cdot \sin\theta$, wobei θ der Winkel zwischen $\boldsymbol{a}$ und $\boldsymbol{b}$ ist.

An der Regel für den Betrag sehen wir, dass das Vektorprodukt gleich 0 ist, wenn …

- einer der Ausgangsvektoren oder beide gleich 0 sind oder
- die Ausgangsvektoren parallel ($\theta = 0°$) oder antiparallel ($\theta = 180°$) zueinander verlaufen.

In unserem Beispiel und Abbildung 8.21 im Tipler trifft die zweite Bedingung für den radialen Kraftanteil $\boldsymbol{F_r}$ zu. Der erste Punkt wäre gegeben, wenn es gar keine Kraft gäbe ($\boldsymbol{F} = 0$) oder sie direkt an der Rotationsachse ($\boldsymbol{r} = 0$) ansetzen würde.

Am größten ist das Vektorprodukt, wenn die Ausgangsvektoren ebenfalls senkrecht aufeinander stehen, θ also gleich 90° ist.

Bezüglich der Rechenregeln unterscheidet sich das Vektorprodukt in einem wichtigen Punkt vom Skalarprodukt: Beim Vektorprodukt kommt es auf die Reihenfolge an, in welcher die Vektoren stehen. Im Einzelnen gilt:

- Das Kommutativgesetz trifft nicht für das Vektorprodukt zu! Drehen wir die Reihenfolge der Vektoren um, zeigt das entstehende Vektorprodukt in die entgegengesetzte Richtung. Wir bezeichnen dies als das alternative Gesetz:
  $\boldsymbol{a} \times \boldsymbol{b} = -(\boldsymbol{b} \times \boldsymbol{a})$.
- Das Assoziativgesetz ist für die Multiplikation mit einem Skalar gültig:
  $(n\,\boldsymbol{a}) \times \boldsymbol{b} = \boldsymbol{a} \times (n\,\boldsymbol{b}) = n\,(\boldsymbol{a} \times \boldsymbol{b})$.
- Ebenso gilt das Distributivgesetz:
  $\boldsymbol{a} \times (\boldsymbol{b} + \boldsymbol{c}) = \boldsymbol{a} \times \boldsymbol{b} + \boldsymbol{a} \times \boldsymbol{c}$.

Auch die vektorielle Multiplikation können wir nicht umdrehen, um auf die Ausgangsvektoren oder den Winkel zwischen ihnen zu schließen, da stets mehrere Kombinationen zu einem Vektorprodukt führen.

In Komponentenschreibweise errechnen wir das Vektorprodukt nach:

$$\boldsymbol{c} = \boldsymbol{a} \times \boldsymbol{b} = \begin{pmatrix} a_1 \\ a_2 \\ a_3 \end{pmatrix} \times \begin{pmatrix} b_1 \\ b_2 \\ b_3 \end{pmatrix} = \begin{pmatrix} c_1 \\ c_2 \\ c_3 \end{pmatrix} = \begin{pmatrix} a_2 b_3 - a_3 b_2 \\ a_3 b_1 - a_1 b_3 \\ a_1 b_2 - a_2 b_1 \end{pmatrix} \tag{4.38}$$

Beispiel

Das Vektorprodukt tritt bei vielen Größen in Zusammenhang mit Drehungen auf. Dazu gehört unter anderem auch der Bahndrehimpuls des Elektrons auf seiner Bahn um den Atomkern. Er macht sich in der energetischen Feinstruktur des Atoms bemerkbar. ◀

Neben Vektoren, deren Komponenten aus Skalaren bestehen, gibt es auch Vektoren, bei denen sich die Werte der Komponenten mit der Zeit oder im Raum verändern. Als Komponenten begegnen uns dann Funktionen:

$$\boldsymbol{r} = \begin{pmatrix} r_1(t) \\ r_2(t) \\ r_3(t) \end{pmatrix} \tag{4.39}$$

Mit solchen **Vektorfunktionen** können wir Kurven in Raum oder Zeit beschreiben, beispielsweise die Flugbahn eines Gegenstands beim schiefen Wurf (Abbildung 2.40 im Tipler) oder die Schwingung eines Pendels (Abbildung 2.43 im Tipler). Auch das elek-

trische und das magnetische Feld des Lichts lassen sich auf diese Weise angeben (Abbildung 27.12). Im Tipler und in den Studienheften benutzen wir meistens jedoch die gewohntere Methode, den Betrag und den Winkel des Vektors zu trennen und einzeln zu behandeln.

Sind wir gezwungen, eine Vektorfunktion abzuleiten, müssen wir die einzelnen Komponenten ableiten:

$$\frac{\mathrm{d}\boldsymbol{r}(t)}{\mathrm{d}t} = \begin{pmatrix} \frac{\mathrm{d}r_1}{\mathrm{d}t} \\ \frac{\mathrm{d}r_2}{\mathrm{d}t} \\ \frac{\mathrm{d}r_3}{\mathrm{d}t} \end{pmatrix} \tag{4.40}$$

Beispiel

Der Poynting-Vektor $\boldsymbol{S}$ einer elektromagnetischen Welle wie beispielsweise Licht benutzt das Vektorprodukt aus dem elektrischen Feldvektor $\boldsymbol{E}$ und dem magnetischen Feldvektor $\boldsymbol{B}$:

$$\boldsymbol{S} = \frac{\boldsymbol{E} \times \boldsymbol{B}}{\mu_0} \tag{4.41}$$

Sowohl die elektrische als auch die magnetische Feldstärke oszillieren mit der Zeit. Deshalb müssen wir den mittleren Betrag des Poynting-Vektors bestimmen und erhalten so die Intensität der Welle, während die Richtung des Vektors anzeigt, wohin sich die Welle ausbreitet. ◀

4.3 Rechnen mit Winkeln

Tipler
Abschnitt *41.8 Trigonometrie und Vektoren* sowie Beispiel 41.9

Sobald wir einen physikalischen Prozess nicht mehr in nur einer Dimension betrachten können, stoßen wir in den Gleichungen auf Winkelangaben. Beim Rechnen müssen wir aufpassen, denn Winkel können in unterschiedlichen **Winkelmaßen** angegeben werden:

- Im **Gradmaß** hat der Winkel die Einheit Grad mit dem Symbol °. Eine volle Drehung hat 360°. Kleinere Unterteilungen geben wir mit gewöhnlichen Nachkommastellen oder in Minuten (′) und Sekunden (″) an, wobei 60 Minuten ein Grad sind und 60 Sekunden eine Minute:

$$1^\circ = 60' = 3600''$$
$$45^\circ 13' 45'' = 45{,}22917^\circ$$

  Das Gradmaß ist das gewohnte Winkelmaß. Auf dem Taschenrechner ist es häufig durch die Einstellung *DEG* gekennzeichnet.

- In der Physik sind viele Formeln aber auf das **Bogenmaß** mit der Einheit Radiant und dem Symbol rad ausgelegt. Das Symbol wird dabei häufig einfach weggelassen. Außerdem wird der Winkel meist als Vielfaches von π angegeben. Eine volle Umdrehung hat im Bogenmaß $2\,\pi$ rad (oder kurz: $2\,\pi$). Die Umrechnung von Gradmaß in Bogenmaß erfolgt nach:

$$\text{Winkel in rad} = \text{Winkel in}\,^\circ \cdot \frac{2\,\pi\,\text{rad}}{360^\circ} \tag{4.42}$$

  Für Rechnungen im Winkelmaß müssen wir unseren Taschenrechner umstellen auf *RAD*. Sonst gibt es falsche Ergebnisse!

[illegible]

4.5 Rechnen mit Winkeln

[illegible]

Zum Vergleich einige Werte in Gradmaß und Bogenmaß:

$$\begin{aligned}
360° &= 2\,\pi\,\text{rad} \\
1° &= 0{,}017\,\text{rad} \\
1\,\text{rad} &= 57{,}3° \\
1\,\pi\,\text{rad} &= 180° \\
\sin(2\,\pi\,\text{rad}) &= 0 \\
\sin(2\,\pi)° &= 0{,}109 \\
\sin(\pi\,\text{rad}) &= 0 \\
\sin(\pi)° &= 0{,}055 \\
\sin\left(\frac{\pi}{2}\,\text{rad}\right) &= 1 \\
\sin\left(\frac{\pi}{2}\right)° &= 0{,}027
\end{aligned}$$

Wir sehen, dass es für die trigonometrischen Funktionen wie Sinus einen deutlichen Unterschied macht, ob wir einen Winkel im Gradmaß oder Bogenmaß eingeben.

Viele Rechenregeln für **trigonometrische Funktionen**, darunter die Identitäten aus Tabelle 41.2, stammen aus einer Zeit, als es noch keine Taschenrechner gab und die Werte mühselig aus Tabellen abgelesen werden mussten. Aber auch heute noch sind einige dieser Zusammenhänge und Vereinfachungen nützlich, um Ergebnisse schnell im Kopf überschlagsmäßig zu überprüfen oder Formeln zu vereinfachen.

Wir merken uns am besten folgende Ergebnisse von trigonometrischen Funktionen:

$$\sin 30° = 0{,}5 \tag{4.43}$$

$$\sin 45° = \cos 45° = \frac{1}{\sqrt{2}} = 0{,}707 \tag{4.44}$$

$$\tan 45° = 1 \tag{4.45}$$

$$\cos 60° = 0{,}5 \tag{4.46}$$

Viele Gleichungen können wir durch die **Kleinwinkelnäherung** bedeutend vereinfachen, wenn wir dafür eine minimale Abweichung in Kauf nehmen. Wir müssen dafür allerdings Winkel im Bogenmaß angeben. Dann gilt näherungsweise für kleine Winkel θ:

$$\sin\theta \approx \theta \tag{4.47}$$

$$\tan\theta \approx \theta \tag{4.48}$$

$$\tan\theta \approx \sin\theta \tag{4.49}$$

$$\cos\theta \approx 1 \tag{4.50}$$

Abbildung 41.19 zeigt den Verlauf der Sinus- und Tangenskurve im Vergleich zum zugehörigen Winkel. Wenn wir einen Fehler von einem Prozent akzeptieren, gelten die Kleinwinkelnäherungen bis zu einem Winkel von 1/4 rad (was ungefähr 15° entspricht). Auf diese Weise können wir die sperrigen Sinus-, Kosinus- und Tangensfunktionen aus zahlreichen Formeln "herausnähern".

Schließlich sollten wir den Verlauf der trigonometrischen Funktionen im Kopf haben. Abbildung 41.21 zeigt die Graphen. Für uns sind vor allem die Sinus- und Kosinusfunktion interessant:

- Die Sinusfunktion hat den Wert 0 bei Winkeln von 0° (0 rad) und 180° (π rad). Das Maximum von +1 erreicht sie bei 90° (π/2 rad), ihr Minimum von −1 bei 270° (3/2 π rad).
- Die Kosinusfunktion ist dagegen um −90° (π/2 rad), also nach links, verschoben. Sie hat bei 0° (0 rad) ihr Maximum von +1, und das Minimum bei 180° (π rad). Die

Nulldurchgänge liegen bei 90° ($\pi/2$ rad) und 270° ($3/2\,\pi$ rad). Der Kosinus ist folglich immer dann extrem, wenn der Sinus durch 0 geht, und umgekehrt.

Beispiel

Besonders häufig wird uns die Kleinwinkelnäherung begegnen, wenn wir im Rahmen der geometrischen Optik die Wege von Lichtstrahlen verfolgen. Gleichungen wie das Brechungsgesetz lassen sich damit für Lichtstrahlen, die in einem kleinen Winkel einfallen, bedeutend vereinfachen. ◀

4.4 Keine Angst vor Funktionen

Funktionen sind die beste Methode, um das Verhalten der Natur zu beschreiben. Sie machen nach dem *Wenn-dann*-Prinzip exakte Aussagen über das, was unter bestimmten Bedingungen passieren wird. Das *Wenn* steht dabei meistens rechts vom Gleichheitszeichen und enthält eine Variable, die verschiedene Werte annehmen kann. Die linke Seite verrät uns mit dem Funktionswert, was geschieht, wenn die Variable diesen Wert hat.

Mit einem Beispiel wird das Wechselspiel klarer: Im Studienband zur Thermodynamik werden wir erfahren, dass die Geschwindigkeit der Wärmebewegung eines Teilchens $v_{|\mathrm{rms}}$ von der absoluten Temperatur T abhängt:

$$v_{|\mathrm{rms}} = \sqrt{\frac{3\,k_B\,T}{m}} \tag{4.51}$$

k_B ist die Boltzmann-Konstante, die wie alle Konstanten in Gleichungen unter allen Bedingungen den gleichen Wert hat. Die Aufgabe der Konstanten in physikalischen Formeln besteht darin, den Zahlenwert, die Einheit und die Dimensionen der Größen auf beiden Seiten des Gleichheitszeichens aneinander anzugleichen. Die Boltzmann-Konstante tut dies, indem sie dafür sorgt, dass die Wurzel aus dem Bruch einer Temperatur in der Einheit Kelvin (K) und einer Masse in der Einheit Kilogramm (kg) zu einer Geschwindigkeit in der Einheit Meter pro Sekunde (m/s) wird. Um das zu bewältigen, hat sie selbst die Einheit Kilogramm mal Quadratmeter durch Sekundenquadrat und Kelvin $(\mathrm{kg} \cdot \mathrm{m}^2)/(\mathrm{s}^2 \cdot \mathrm{K})$. Die Kilogramm sind wegen der Masse m des Teilchens notwendig.

In der Gleichung ist also die Temperatur der Wert für das *Wenn*, von dem die Geschwindigkeit als *Dann* abhängt. Damit ist $v_{|\mathrm{rms}}$ von T abhängig, und wir müssten eigentlich $v_{|\mathrm{rms}}(T)$ schreiben, aber den Klammerausdruck sparen wir uns in der Physik meistens.

Betrachten wir nun ein konkretes Teilchen, wie es in der Chemie allgegenwärtig ist: Wasser. Die Masse eines Wassermoleküls liegt bei $m = 3 \cdot 10^{-26}$ kg. Solange wir von Wasser reden, ist dieser Wert ebenfalls konstant, denn das Wasser wird nicht schwerer oder leichter. Seine Masse ist deshalb keine Variable, die sich ständig ändern darf, sondern ein Parameter, der einmal eingestellt wird und dann fix ist.

Wir haben damit drei Arten von Größen, die uns in physikalischen Gleichungen begegnen können:

- Die **(Natur-)Konstanten** sind unumstößlich und immer gleich. Sie passen Zahlenwerte, Einheiten und Dimensionen an.
- **Parameter** passen die Funktion an spezielle Voraussetzungen an, sind unter den gewählten Bedingungen aber ebenfalls konstant.
- Über die **Variablen** nehmen wir die Feinabstimmung innerhalb der Bedingungen vor, die von den Parametern vorgegeben wird.

Damit sind wir soweit, dass wir mit unserer Funktion die Geschwindigkeit des Wassermoleküls für verschiedene Temperaturen berechnen können. Wir setzen die Werte der Konstanten und Parameter in die Gleichung ein und wählen dann einige Temperaturen als Beispiele aus. Damit die *Wenn-dann*-Beziehung deutlicher wird, tauschen wir dieses Mal die beiden Seiten der Gleichung aus:

$$\text{Wenn} \;\ldots\; \text{dann} \;\ldots$$

$$\sqrt{\frac{3\,k_B\,T}{m}} = v|_{\mathrm{rms}}$$

$$\sqrt{\frac{3 \cdot 1{,}381 \cdot 10^{-23}\,(\mathrm{kg} \cdot \mathrm{m}^2)/(\mathrm{s}^2 \cdot \mathrm{K}) \cdot T}{3 \cdot 10^{-26}\,\mathrm{kg}}} = v|_{\mathrm{rms}}$$

Wenn $T = 298$ K (25 °C) ist, dann hat Wasser die Geschwindigkeit:

$$\sqrt{\frac{3 \cdot 1{,}381 \cdot 10^{-23}\,(\mathrm{kg} \cdot \mathrm{m}^2)/(\mathrm{s}^2 \cdot \mathrm{K}) \cdot 298\,\mathrm{K}}{3 \cdot 10^{-26}\,\mathrm{kg}}} = 642\,\mathrm{m/s}$$

Wenn $T = 373$ K (100 °C) ist, dann hat Wasser die Geschwindigkeit:

$$\sqrt{\frac{3 \cdot 1{,}381 \cdot 10^{-23}\,(\mathrm{kg} \cdot \mathrm{m}^2)/(\mathrm{s}^2 \cdot \mathrm{K}) \cdot 373\,\mathrm{K}}{3 \cdot 10^{-26}\,\mathrm{kg}}} = 718\,\mathrm{m/s}$$

Ja, die Wärmebewegungen von Wasser sind tatsächlich so schnell!

Wichtiger ist aber, dass wir mit einer Funktion jeden beliebigen Wert für die *Wenn*-Annahme einsetzen können und das entsprechende *Dann* erhalten – solange wir uns im Rahmen der Bedingungen halten, für welche die Formel gültig ist. Für gefrorenes Wasser, in dem die Moleküle fest im Kristallgitter verankert sind, gilt unsere Gleichung nämlich nicht mehr. Wenn wir mit physikalischen Gleichungen rechnen, müssen wir deshalb die physikalischen Grenzen der Formeln kennen. Nicht alles, was mathematisch berechenbar ist, ergibt physikalisch einen Sinn!

Bewegen wir uns im Gültigkeitsbereich der Gleichung, können wir uns die Arbeit erleichtern und die Funktion in einen grafischen Taschenrechner oder einen Computer eingeben und ihn so viele Variablen einsetzen lassen, wie wir möchten. Als Ergebnis erhalten wir eine Kurve, in welcher auf der x-Achse die Variable angezeigt wird und auf der y-Achse der zugehörige Funktionswert. So erkennen wir auf einen Blick welches *Dann* wir in etwa bei welchem *Wenn* zu erwarten haben.

4.5 Funktionen ableiten

Tipler
Abschnitt *41.11*
Differenzialrechnung
und Beispiel 41.12

In vielen Fällen interessieren wir uns nicht nur für einen Funktionswert, sondern für den Vergleich von zwei Werten, die sich bei verschiedenen Einstellungen der Variablen ergeben. Das Weg-Zeit-Diagramm in Abbildung 2.5 im Tipler gibt uns beispielsweise an, wie weit ein Objekt zu jedem Zeitpunkt t vom Startpunkt entfernt ist. Anfangs nimmt die Distanz schnell zu, dann langsamer, und schließlich wird sie sogar wieder kleiner. Wenn wir diese Beobachtung quantitativ ausdrücken wollen, müssen wir mehrere Zeiten und die dazugehörigen Entfernungen miteinander vergleichen. Für größere Schritte können wir dies machen, indem wir gemessene oder abgelesene Unterschiede in der Zeit (Δt) und in der Strecke (Δs) aufeinander beziehen:

$$\frac{\Delta s}{\Delta t} \tag{4.52}$$

Sobald wir aber feine Nuancen erkennen oder sogar das Verhältnis der Größen zu einem ganz bestimmten Wert der Variablen genau wissen wollen, müssen wir die Schrittweite

4.5 Funktionen ableiten

der Variablen unendlich klein werden lassen ($\Delta t \to 0$) und die Funktion ableiten ($\mathrm{d}s/\mathrm{d}t$):

$$\lim_{\Delta t \to 0} \frac{\Delta s}{\Delta t} = \frac{\mathrm{d}s}{\mathrm{d}t} = s'(t) \tag{4.53}$$

Die Ableitung ergibt die Steigung der Kurve im jeweiligen Punkt. Bei einem Weg-Zeit-Diagramm entspricht sie der momentanen Geschwindigkeit des Objekts.

Für das Ableiten von Funktionen gibt es einige **Rechenregeln**, die wir unter bestimmten Voraussetzungen anwenden müssen:

- Konstanten, mit denen eine Funktion multipliziert wird, werden nicht abgeleitet. Wir dürfen sie einfach vor die Gleichung ziehen:

  $$(a \cdot f(x))' = a \cdot f'(x) \tag{4.54}$$

  Beispiel:

  $$f(x) = 5 \cdot x^2$$
  $$f'(x) = 5 \cdot 2 \cdot x = 10 \cdot x$$

- Werden zwei Funktionen addiert (oder subtrahiert) und dann abgeleitet, können wir sie auch erst ableiten und dann addieren (oder subtrahieren):

  $$(f(x) \pm g(x))' = f'(x) \pm g'(x) \tag{4.55}$$

  Beispiel:

  $$(x^2 + x^3)' = (x^2)' + (x^3)' = 2 + 3\,x^2$$

- Werden zwei Funktionen miteinander multipliziert und dann abgeleitet, wird jede Funktion mit der Ableitung der anderen multipliziert und dann beide Zwischenergebnisse addiert (Produktregel):

  $$(f(x) \cdot g(x))' = f'(x)\,g(x) + f(x)\,g'(x) \tag{4.56}$$

  Beispiel:

  $$(x^2 \cdot x^3) = 2\,x \cdot x^3 + x^2 \cdot 3\,x^2 = 2\,x^4 + 3\,x^4 = 5\,x^4$$

- Werden zwei Funktionen durcheinander geteilt und dann abgeleitet, gilt die Quotientenregel:

  $$\left(\frac{f(x)}{g(x)}\right)' = \frac{f'(x)\,g(x) - f(x)\,g'(x)}{g^2(x)} \tag{4.57}$$

  Beispiel:

  $$\left(\frac{x^5}{x^2}\right)' = \frac{5\,x^4 \cdot x^2 - x^5 \cdot 2\,x}{x^4} = 3\,x^2$$

  Wichtig ist der Spezialfall, in dem wir den Kehrwert einer Funktion ableiten:

  $$\left(\frac{1}{f(x)}\right)' = -\frac{f'(x)}{f^2(x)} \tag{4.58}$$

  Beispiel:

  $$\left(\frac{1}{x^5}\right)' = -\frac{5\,x^4}{x^{10}} = -\frac{5}{x^6}$$

  Dabei darf die Funktion natürlich nicht 0 ergeben.

- Die Kettenregel wenden wir an, wenn zwei Funktionen ineinander verschachtelt sind. Wir leiten die innere und die äußere Funktion ab, wobei wir beim Ableiten der äußeren Funktion so tun, als wäre die innere Funktion insgesamt eine einzige Variable. Die Ableitungen werden anschließend miteinander multipliziert:

$$f'(x(t)) = f'(x) \cdot x'(t) \tag{4.59}$$

  Beispiel:

$$\begin{aligned} f(x(t)) &= (t^2+2)^3 \\ x(t) &= t^2 + 2 \quad \text{(innere Funktion)} \\ x'(t) &= 2\,t \quad \text{(Ableitung der inneren Funktion)} \\ f(x) &= x^3 \quad \text{(äußere Funktion)} \\ f'(x) &= 3\,x^2 \quad \text{(Ableitung der äußeren Funktion)} \\ f'(x(t)) &= 2\,t \cdot 3\,x^2 = 2\,t \cdot 3\,(t^2+2)^2 = 6\,t\,(t^2+2)^2 \\ &= 6\,t\,(t^4 + 4\,t^2 + 4) = 6\,(t^5 + 4\,t^3 + 4t) = 6\,t^5 + 24\,t^3 + 24\,t \end{aligned}$$

Einige Funktionen haben **besondere Ableitungen**:

- Die Ableitung einer Konstanten ist gleich 0:

$$\begin{aligned} f &= C \\ f' &= 0 \end{aligned}$$

- Bei den Ableitungen von Sinus- und Kosinusfunktionen tauschen wir die Funktion. Die Ableitung vom Kosinus ändert außerdem das Vorzeichen:

$$\sin' x = \cos x \tag{4.60}$$

$$\cos' x = -\sin x \tag{4.61}$$

- Die e-Funktion ändert sich nicht durch die Ableitung. Eine Konstante c im Exponenten kommt wegen der Kettenregel als Faktor zusätzlich vor die e-Funktion:

$$f(x) = \mathrm{e}^{cx} \tag{4.62}$$

$$f'(x) = c \cdot \mathrm{e}^{cx} \tag{4.63}$$

- Die Ableitung des natürlichen Logarithmus ist der Kehrwert der Variablen. Etwaige Konstanten c im Argument des Logarithmus verfallen wegen der Kettenregel bei der Ableitung:

$$f(x) = \ln(cx) \tag{4.64}$$

$$f'(x) = \frac{1}{x} \tag{4.65}$$

  Für den dekadischen Logarithmus müssen wir den Umrechnungsfaktor berücksichtigen:

$$f(x) = \log(cx) \tag{4.66}$$

$$f'(x) = \frac{1}{x \cdot \ln 10} \approx \frac{1}{x \cdot 2{,}3} \tag{4.67}$$

Beispiel

Die Ableitung einer physikalischen Größe nach einer Variablen ist häufig eine neue physikalische Größe. Beispielsweise ist Geschwindigkeit die Ableitung des Weges nach der Zeit, und Beschleunigung ist die Ableitung der Geschwindigkeit nach der Zeit. Kraft können wir als das Produkt aus Masse und Beschleunigung auffassen. Sie ist aber auch die Ableitung des Impulses nach der Zeit und damit anschaulich die Geschwindigkeit, mit welcher der Impuls bei einem Stoß übertragen wird. ◀

4.6 Funktionen integrieren

Die Integration ist die Umkehrung der Ableitung. Indem wir eine Funktion integrieren, sammeln wir all die winzig kleinen Änderungen zusammen, bis sie einen erkennbaren Unterschied ergeben. So setzt sich der elektrische Strom, der durch eine Fläche fließt, aus den unzähligen kleinen Teilströmen zusammen, die durch die unendlich kleinen Flächenelemente führen (Abbildung 22.3 im Tipler). Um ihn zu berechnen, müssen wir diese Flächenelemente aufaddieren, was mathematisch einer Integration über die große Fläche entspricht.

Tipler
Abschnitt *41.12 Integralrechnung* sowie Beispiel 41.14

Wichtig Wir integrieren eine Funktion, wenn wir eine Gleichung für infinitesimal kleine Änderungen kennen und die Auswirkungen im größeren Maßstab untersuchen wollen. ◀

Die Vorgehensweise folgt im Prinzip immer dem gleichen Muster:

1. Für das Sammeln durch Integrieren benötigen wir zunächst eine Funktion, die einen Zusammenhang zwischen den Größen, die uns interessieren, bietet.
   Beispielsweise ist das Produkt aus dem Druck p und dem Volumen V eines Gases konstant, solange wir kein Gas ablassen oder nachfüllen:
   $$p \cdot V = konst.$$
2. Als nächstes setzen wir fest, welche Variable wir ändern wollen und auf welche Größe sich das auswirken wird.
   Im Beispiel können wir das Volumen ein kleines bisschen um $\mathrm{d}V$ ändern, wenn wir ein wenig Arbeit $\mathrm{d}W$ investieren:
   $$\mathrm{d}W = p\,\mathrm{d}V$$
3. Anschließend bestimmen wir den Anfangspunkt und den Endpunkt des Prozesses. Unser Volumen soll beispielsweise von V_A auf V_E gebracht werden.
4. Wir stellen die Gleichung so auf, dass auf der einen Seite die abhängige Größe steht und auf der anderen die Variable. Vor letztere stellen wir das Integralsymbol mit den Angaben der Ober- und Untergrenze. Damit markieren wir unseren Sammelbereich:
   $$W = \int_{V_A}^{V_E} p\,\mathrm{d}V \qquad (4.68)$$
5. Jetzt suchen wir eine sogenannte Stammfunktion zu unserer Gleichung. Eine Stammfunktion ergibt beim Ableiten genau die zugehörige Funktion. Tabelle 41.6 im Tipler listet eine Reihe wichtiger Stammfunktionen für Integrale ohne Grenzen – die unbestimmten Integrale – auf. Für ein bestimmtes Integral mit Grenzen müssen wir zusätzlich die Rechnung „Obergrenze minus Untergrenze" durchführen.
   Unsere Beispielformel passt zum obersten unbestimmten Integral in der Liste:
   $$\int A\,\mathrm{d}t = A\,t \quad \text{(}A\text{ steht für eine Konstante.)}$$
   $$\int p\,\mathrm{d}V = p\,V \quad \text{(}p\text{ entspricht }A\text{ und }V\text{ entspricht }t.\text{)}$$
   $$W = \int_{V_A}^{V_E} p\,\mathrm{d}V \quad \text{(Bestimmtes Integral mit Grenzen.)}$$
   $$W = p\,V_E - p\,V_A = p\,\Delta V \quad \text{(„Obergrenze minus Untergrenze.")}$$

Mit der integrierten Formel können wir die messbare Änderung berechnen.

Beispiel

Integration ist eine häufige mathematische Operation in der Physik. Vor allem bei Prozessen, die nahe am Gleichgewichtszustand ablaufen müssen, sind nur winzige Manipulationen erlaubt. Beispielsweise bei der Änderung der Entropie durch zugeführte Wärme. Auch wenn wir wie bei den Atomorbitalen mit Wahrscheinlichkeiten rechnen, addieren wir per Integral über unendlich viele Raumelemente. ◀

4.7 Einfache Differenzialgleichungen

Bei einer ganzen Reihe physikalischer und chemischer Prozesse bestimmt nicht nur der Wert einer Größe den Verlauf, sondern auch die zeitliche oder räumliche Änderung dieser Größe. Mathematisch gesprochen enthält die Gleichung dann neben der Variablen auch die Ableitung einer Funktion, die von dieser Variablen abhängig ist. Wir sprechen von einer **gewöhnlichen Differenzialgleichung**.

Tipler
Abschnitt *41.11 Differenzialrechnung* und Beispiel 41.13

Der Tipler zeigt die Vorgehensweise beim Aufstellen und Lösen derartiger Differenzialgleichungen am Beispiel des radioaktiven Zerfalls und des Wachstums einer Population. Deshalb gehen wir die einzelnen Schritte hier am Beispiel der Kinetik einer einfachen chemischen Reaktion durch: Die Spaltung von Distickoxid in Sauerstoff und Stickstoff:

$$2\,N_2O \rightarrow O_2 + 2\,N_2$$

Der Prozess läuft mit der reaktionspezifischen Geschwindigkeitskostanten k ab. Die Geschwindigkeit v der Reaktion entspricht dann der Geschwindigkeit, mit der sich die Konzentration des Ausgangsstoffs ändert. Je mehr Substanz vorhanden ist, desto mehr wird pro Zeiteinheit gespalten:

$$v = -\frac{1}{2}\,\frac{\mathrm{d}[N_2O]}{\mathrm{d}t} = k \cdot [N_2O]$$

Der Faktor 1/2 sorgt dafür, dass wir im Endergebnis die Geschwindigkeit für ein Mol Ausgangssubstanz erhalten, da wir nach der Reaktionsgleichung pro Formeldurchsatz zwei Mol reagieren lassen. Das Minus als Vorzeichen gibt an, dass die Konzentration im Laufe der Reaktion abnimmt.

In dieser Gleichung sind die Variable $[N_2O]$ und ihre Ableitung nach der Zeit $\mathrm{d}[N_2O]/\mathrm{d}t$ enthalten, es handelt sich deshalb um eine Differenzialgleichung. Wenn wir eine Formel haben möchten, die den Verlauf der Reaktion in der Zeit wiedergibt, müssen wir nach einer Funktion suchen, die sich in die Gleichung einsetzen lässt, sodass das Gleichheitszeichen immer noch stimmt – wir brauchen eine Lösung der Differenzialgleichung.

Für die **Lösung gewöhnlicher Differenzialgleichungen erster Ordnung** (nur die erste Ableitung kommt vor) gibt es ein allgemein gültiges Schema:

1. Im ersten Schritt müssen wir die Differenzialgleichung aufstellen. Dabei erhalten wir auf einer Seite vom Gleichheitszeichen die Ableitung mit der Variablen, die sich verändert, und auf der anderen Seite einen Term, in dem die Variable in Reinform vorkommt:

   $$-\frac{1}{2}\,\frac{\mathrm{d}[N_2O]}{\mathrm{d}t} = k \cdot [N_2O]$$

2. Es folgt die Trennung der Variablen: Wir formen die Gleichung um, sodass links vom Gleichheitszeichen nur die Änderung der Variablen ($\mathrm{d}[N_2O]$) alleine steht, und die

Änderung der Größe, von welcher die Variable abhängt (dt), rechts bei der übrigen Formel auftaucht:

$$d[N_2O] = -2\,k \cdot [N_2O]\,dt$$

3. Eine Differenzialgleichung in dieser Form hat als Lösung eine Exponentialfunktion:

$$[N_2O] = [N_2O]_0 \cdot e^{-2\,k\,t} \tag{4.69}$$

Darin ist $[N_2O]_0$ die Anfangskonzentration an Distickoxid und $[N_2O]$ die Konzentration zum Zeitpunkt t.
Allgemein müssen wir für die Lösungsfunktion folgende Schritte ausführen:

(a) Auf der linken Seite der Gleichung fällt das vorgestellte d weg.
(b) Dafür erscheint auf der rechten Seite der Anfangswert der veränderlichen Größe. Er ist durch eine tiefgestellte 0 markiert.
(c) Die Variable und die mit ihr durch Multiplikation oder Division verknüpften Faktoren werden mitsamt Vorzeichen Exponenten einer neuen e-Funktion, die mit dem Anfangswert multipliziert wird.

Für eine allgemeine Größe A, die sich mit der Zeit t verändert, lautet die Lösungsfunktion damit:

$$A = A_0 \cdot e^{-k\,t} \quad \text{(wenn der Wert fällt)} \tag{4.70}$$

$$A = A_0 \cdot e^{+k\,t} \quad \text{(wenn der Wert steigt)} \tag{4.71}$$

Wir können mit dieser Gleichung für jeden beliebigen Zeitpunkt berechnen, wie viel Ausgangssubstanz noch vorhanden ist. Lassen wir uns vom Computer eine Kurve zeichnen, bekommen wir einen Verlauf wie in Abbildung 41.25 im Tipler. Eine ansteigende Kurve wie in Abbildung 41.26 erhalten wir für Prozesse, bei denen die berechnete Größe zunimmt. In unserem Beispiel würden die Konzentrationen von Sauerstoff und Stickstoff so verlaufen. Wie schnell die Werte abfallen oder ansteigen, hängt dabei von der jeweiligen Geschwindigkeitskonstanten k und ggf. den weiteren Faktoren ab, die im Exponenten der e-Funktion stehen.

Im Beispiel haben wir eine Differenzialgleichung erster Ordnung behandelt, da die Ausgangsgleichung nur die erste Ableitung enthielt. Kommt auch die zweite Ableitung vor, handelt es sich um eine Differenzialgleichung zweiter Ordnung usw. Je höher die Ordnung ist, desto schwieriger wird es, eine Lösung zu finden.

Außerdem enthielt unser Beispiel nur eine Variable, sodass wir eine gewöhnliche Differenzialgleichung aufstellen konnten. Enthält die Funktion mehrere Variablen und deren Ableitungen, benötigen wir eine partielle Differenzialgleichung – ein Gebiet, das selbst innerhalb der Mathematik noch nicht erschöpfend erforscht ist.

Beispiel

Differenzialgleichungen sind überall in der Physik und den anderen Naturwissenschaften anzutreffen. Sie beschreiben die Abkühlung eines Körpers, die Vibrationen länglicher Objekte, die Schwingungen eines Federpendels oder einer Saite, die Abläufe beim Einschalten eines elektrischen Stromkreises, die Bahnen von Himmelskörpern, die Wärmeströmungen in Flüssigkeiten, die Beziehung zwischen Räuber und Beute oder zwischen konkurrierenden Arten, die Verbreitung von Infektionskrankheiten, das Wachstum von Tumoren, …Die chemische Reaktionskinetik basiert so gut wie vollständig auf diesen Gleichungstyp. In vielen Fällen sind die Abhängigkeiten dabei so komplex, dass es keine analytischen Lösungen mehr gibt und wir uns stattdessen mit numerischen Näherungen am Computer begnügen müssen. ◀

Verständnisfragen

4. Die Nernst-Gleichung, mit der wir das Elektrodenpotenzial eines Redoxpaares anhand der Konzentrationen berechnen können, lautet:

$$E = E_0 + \frac{R\,T}{z\,F} \cdot \ln \frac{[\text{oxidierte Form}]}{[\text{reduzierte Form}]} \tag{4.72}$$

Wie lautet die Gleichung mit dem dekadischen Logarithmus anstelle des natürlichen Logarithmus?

5. Welche Länge hat das Vektorprodukt der Vektoren $a = (2\,|\,3\,|\,7)$ und $b = (4\,|\,2\,|\,4)$?

6. Eine modische Uhr mit einem 24-Stunden-Ziffernblatt zeigt 10:25 Uhr an. Welchen Winkel finden wir zwischen dem Zeiger und der 24/0-Marke in Bogenmaß?

Exemplarische Klausuraufgabe

5

Verständnisfragen

7. Gegeben sind die Ortsvektoren

$$\boldsymbol{r_A} = \begin{pmatrix} 1{,}5 \\ 2{,}5 \\ 0 \end{pmatrix} \text{ m}$$

$$\boldsymbol{r_B} = \begin{pmatrix} 7{,}5 \\ 2{,}5 \\ 0 \end{pmatrix} \text{ m}$$

$$\boldsymbol{r_C} = \begin{pmatrix} 7{,}5 \\ 6{,}5 \\ 0 \end{pmatrix} \text{ m}$$

$$\boldsymbol{r_D} = \begin{pmatrix} 7{,}5 \\ 6{,}5 \\ 3 \end{pmatrix} \text{ m}$$

zu den Punkten A, B, C und D im Raum.

Berechnen Sie …

1. die Abstände der Punkte A, B, C und D vom Koordinatenursprung.
2. die Vektoren $\boldsymbol{AB} = \boldsymbol{l}$ (von A nach B), $\boldsymbol{BC} = \boldsymbol{b}$ (von B nach C), $\boldsymbol{CD} = \boldsymbol{h}$ (von C nach D), $\boldsymbol{AC} = \boldsymbol{d}$ (von A nach D) und $\boldsymbol{AD} = \boldsymbol{s}$ (von A nach D).
3. die Beträge der Vektoren $\boldsymbol{l}$, $\boldsymbol{b}$, $\boldsymbol{h}$, $\boldsymbol{d}$ und $\boldsymbol{s}$.
4. den Winkel ϕ_{AB} zwischen $\boldsymbol{r_A}$ und $\boldsymbol{r_B}$ und den Winkel ϕ_{CD} zwischen $\boldsymbol{r_C}$ und $\boldsymbol{r_D}$.
5. die Fläche A_{sd} des Dreiecks $\triangle ACD$ (mit Hilfe von $\boldsymbol{s} = \boldsymbol{AD}$ und $\boldsymbol{d} = \boldsymbol{AC}$).

Zusammenfassung

6

- Physikalische Modelle entstehen durch Beobachtungen von Phänomenen, zu deren Erklärung Hypothesen aufgestellt werden. In Experimenten werden diese Hypothesen überprüft. Eine Hypothese, die während der empirischen Tests erfolgreich deren Ergebnisse vorhersagt, wird zur Theorie, die so lange gültig ist, bis sie einer neuen Beobachtung widerspricht.
- Die Werte von physikalischen Größen bestehen aus einer Zahl und einer Einheit. Nur beide zusammen sind eine vollständige Angabe.
- Es gibt sieben Grund- oder Basisgrößen: Länge, Masse, Zeit, elektrischen Strom, thermodynamische Temperatur, Stoffmenge und Lichtstärke. Alle anderen physikalischen Größen lassen sich durch Kombinationen dieser Basisgrößen herleiten.
- Zu jeder Basisgröße gehört eine Basiseinheit. Durch Kombination können wir weitere abgeleitete Einheiten schaffen.
- Sehr große und sehr kleine Zahlen werden in Exponentialschreibweise und/oder mit Vorsilben vor ihrer Einheit festgehalten.
- Größenordnungen sind grobe Abschätzungen für schnelle Vergleiche. Zwei aufeinanderfolgende Größenordnungen unterscheiden sich um den Faktor 10.
- Durch eine Dimensionsanalyse können wir prüfen, ob eine physikalische Gleichung formal korrekt sein kann. Nur Gleichungen mit denselben Dimensionen auf beiden Seiten können überhaupt fehlerfrei sein. Als Dimension gilt jede Basisgröße.
- Als signifikante Stellen gelten alle Ziffern mit Ausnahme randständiger Nullen, die lediglich die Lage des Kommas festsetzen.
- Bei Additionen und Subtraktionen darf das Ergebnis maximal so viele Nachkommastellen haben wie die Ausgangszahl mit den wenigsten Nachkommastellen.
- Bei Multiplikationen und Divisionen darf das Ergebnis nicht mehr signifikante Stellen haben als die Ausgangszahl mit den wenigsten signifikanten Stellen.
- Bei praktischen Messungen treten systematische und statistische Fehler auf. Systematische Fehler lassen sich durch sorgfältiges Arbeiten, gute Instrumente und unterschiedliche Messmethoden minimieren. Statistische Fehler heben sich durch Mitteln möglichst vieler Messungen zunehmend auf.
- Messergebnisse mit einer symmetrischen Abweichung vom Mittelwert lassen sich mit der Normalverteilung beschreiben.
- Als Maß für die Größe der Abweichungen gilt die Standardabweichung. Innerhalb der Grenzen von einer Standardabweichung in beide Richtungen liegen knapp über zwei Drittel aller Messwerte.
- Durch Fehlerfortpflanzung beim Rechnen mit mehreren Messwerten können sich Messfehler verstärken. Über eine Fehlerrechnung lässt sich ihr Einfluss abschätzen.
- Potenzen und Logarithmen können zu verschiedenen Zahlen als Basis gebildet werden. Am gebräuchlichsten sind 10 und die Euler'sche Zahl e.
- Skalare bestehen nur aus einer Zahl und ggf. einer Einheit. Vektoren haben zusätzlich eine Richtung. Sie werden zeichnerisch als Pfeile dargestellt.
- Das Skalarprodukt zweier Vektoren beschreibt das Zusammenwirken zweier Vektorgrößen. Es ist ein Skalar.

- Beim Vektorprodukt schaffen zwei Vektoren eine neue Vektorgröße, die senkrecht zu den Ausgangsgrößen steht.
- Winkel werden in der Physik nicht nur im Gradmaß angegeben, sondern häufig im Bogenmaß.
- Im Bogenmaß dürfen die trigonometrischen Funktionen kleiner Winkel häufig durch die Winkel selbst genähert werden.
- In Funktionen haben die Konstanten immer einen festen Wert, mit dem sie die Umrechnung zwischen Dimensionen und Einheiten ermöglichen. Über Parameter, denen ein fester Wert zugewiesen wird, findet die Grobabstimmung statt. Die Variablen ändern ihren Wert und bestimmen so den Funktionswert.
- Über die Ableitung einer Funktion erfahren wir, wie schnell sich der Funktionswert in der Zeit oder im Raum verändert.
- Durch Integration sammeln wir unzählige infinitesimal kleine Änderungen einer Größe zu einer messbaren Änderung.
- Differenzialgleichungen enthalten neben einer Variablen auch die Ableitung der Funktion mit dieser Variablen.
- Die e-Funktion ist eine häufige Lösung für gewöhnliche Differenzialgleichungen erster Ordnung.

Serviceteil

A

A.1 Literatur

Fritsche O (2013) Physik für Biologen und Mediziner. Springer, Heidelberg

Glaeser G (2014) Der mathematische Werkzeugkasten. Springer, Heidelberg

Simonyi K (2001) Kulturgeschichte der Physik. Wissenschaftlicher Verlag Harri Deutsch, Frankfurt am Main

Tipler Paul A (2015) Physik. Springer, Heidelberg

Zeidler E (Hrsg.) et al. (2012) Springer-Taschenbuch der Mathematik. Springer, Heidelberg

A.2 Glossar

abgeleitete Einheit Einheit, die aus einer Kombination von SI-Einheiten entstanden ist.

arithmetisches Mittel Mittelwert. Berechnet aus der Summe aller Werte, geteilt durch deren Anzahl.

Assoziativgesetz $a \cdot (b \cdot c) = (a \cdot b) \cdot c = (a \cdot c) \cdot b$

Basis Zahl, deren Vielfaches bei Exponentenschreibweise angegeben wird.

Bogenmaß Winkelmaß in der Einheit rad.

dekadischer Logarithmus Logarithmus zur Basis 10.

Differenzialgleichung Gleichung, in welcher eine Variable und die Ableitung der Funktion dieser Variablen enthalten sind.

Dimensionsanalyse Überprüfen von Gleichungen auf Übereinstimmung in den Basisgrößen und deren Potenzen.

Distributivgesetz $a \cdot (b + c) = a \cdot b + a \cdot c$

Einheitsvektor Vektor mit der Länge genau einer Einheit.

Exponent Die Potenz oder „Hochzahl" einer Zahl in Exponentenschreibweise

Exponentialschreibweise Methode zur Darstellung sehr großer oder sehr kleiner Zahlen. Bestehend aus einem Faktor und einer Zehnerpotenz.

Fehlerfortpflanzung Vergrößerung der Abweichung vom wahren Wert durch Zusammenwirken der Messfehler mehrerer Größen, die in eine Rechnung einfließen.

Fehlerrechnung Abschätzung des Ausmaßes der Fehlerfortpflanzung.

freier Vektor Vektor ohne räumliche Bindung.

A Serviceteil

[illegible]

Gaußverteilung Anordnung zufällig vom Mittelwert abweichender Messwerte. Ergibt eine Glockenkurve.

gebundener Vektor Vektor, der an einem bestimmten Ort gilt.

Gradmaß Winkelmaß in der Einheit Grad.

Größenordnung Sehr grobe Angabe von Werten in vollen Zehnerpotenzen.

Hypothese Eine nicht ausreichend überprüfte Erklärung für ein Phänomen.

Kleinwinkelnäherung Ersetzen von trigonometrischen Funktionen von Winkeln durch die Winkel selbst.

Kommutativgesetz Vertauschungsgesetz. $a \cdot b = b \cdot a$

Logarithmus Umkehrfunktion zur Exponentenschreibweise.

natürlicher Logarithmus Logarithmus zur Basis e.

Normalverteilung Anordnung zufällig vom Mittelwert abweichender Messwerte. Ergibt eine Glockenkurve.

Normierungsbedingung Anforderung an eine Gleichung, dass jede Messung ein Ergebnis haben muss.

Ortsvektor Gebundener Vektor, der vom Ursprung des Koordinatensystems auf den Ort eines Punktes weist.

Parameter Größe, der in einer Funktion ein Wert zugewiesen wird und die danach konstant bleibt.

quadratischer Mittelwert Wurzel aus dem quadratischen Mittel.

quadratisches Mittel Quadrat aller Messwerte, geteilt durch deren Anzahl.

SI-Basisgröße Sieben fundamentale physikalische Größen, die sich nicht auf andere Größen oder Kombinationen aus diesen zurückführen lassen: Länge, Masse, Zeit, elektrischer Strom, Temperatur, Stoffmenge, Lichtstärke.

SI-Einheit Einheit für Größen nach dem SI-System.

signifikante Stelle Jede Ziffer innerhalb einer Zahl mit Ausnahme randständiger Nullen, die lediglich die Position des Kommas anzeigen.

SI-System Internationale Vereinbarung von Maßen, physikalischen Größen und Einheiten.

Skalar Angabe aus einer Zahl und ggf. einer Einheit.

Skalarprodukt Ergebnis des Zusammenwirkens zweier Vektoren in Form eines Skalars.

Spaltenvektor Vektor mit übereinander angeordneten Komponenten.

Standardabweichung Maß für die Streuung von Messwerten bei der Normalverteilung.

statistischer Fehler Zufallsbedingte Abweichung eines Messwerts vom wahren Wert.

systematischer Fehler Messbedingte Abweichung vom wahren Wert.

Theorie Ein Erklärungsmodell für Beobachtungen und/oder Phänomene, das durch Experimente überprüft wurde und widerspruchsfrei geblieben ist.

Variable Veränderliche Größe in einer Funktion.

Varianz Maß für die Streuung von Messwerten bei der Normalverteilung.

Vektor Größe mit einem Zahlwert, ggf. einer Einheit und einer Richtung.

Vektorprodukt Ergebnis des Zusammenwirkens zweier Vektoren in Form eines neuen Vektors, der senkrecht auf den Ausgangsvektoren steht. Erzeugt geometrisch ein Rechtssystem wie beispielsweise das Koordinatensystem.

Verteilungsfunktion Gleichung zur Beschreibung der Lage von Messwerten.

Zeilenvektor Vektor mit hintereinander angeordneten Komponenten.

A.3 Antworten

1. Wir müssen eine der beiden Angaben umrechnen, sodass beide die gleiche Einheit haben.

2. Basiseinheiten sind definierte Grundeinheiten zu den international festgelegten Basisgrößen des SI-Systems. Abgeleitete Einheiten entstehen, wenn wir Basiseinheiten miteinander kombinieren.

3. Nein! Die Größenordnung des Gewichts von Menschen liegt bei 10^2 kg, bei Elefanten sind es 10^3 kg, also eine Größenordnung mehr.

4. Wir ersetzen den natürlichen Logarithmus nach Gleichung 4.13 durch den dekadischen Logarithmus und erhalten:

$$E = E_0 + \frac{R\,T}{z\,F} \cdot 2{,}3 \log \frac{[\text{oxidierte Form}]}{[\text{reduzierte Form}]} = E_0 + 2{,}3\,\frac{R\,T}{z\,F} \cdot \log \frac{[\text{oxidierte Form}]}{[\text{reduzierte Form}]}$$

5. Wir schreiben die Vektoren als Spaltenvektoren mit übereinander stehenden Komponenten und berechnen das Vektorprodukt nach Gleichung 4.38:

$$\boldsymbol{c} = \boldsymbol{a} \times \boldsymbol{b} = \begin{pmatrix} 2 \\ 3 \\ 7 \end{pmatrix} \times \begin{pmatrix} 4 \\ 2 \\ 4 \end{pmatrix} = \begin{pmatrix} 3 \cdot 4 - 7 \cdot 2 \\ 7 \cdot 4 - 2 \cdot 4 \\ 2 \cdot 2 - 3 \cdot 4 \end{pmatrix} = \begin{pmatrix} -2 \\ 20 \\ -8 \end{pmatrix}$$

Die Länge des Vektors $\boldsymbol{c}$ entspricht seinem Betrag, den wir laut Gleichung 4.22 erhalten nach:

$$|\boldsymbol{c}| = \sqrt{x^2 + y^2 + z^2} = \sqrt{(-2)^2 + 20^2 + (-8)^2} = 21{,}6$$

6. Im ersten Schritt rechnen wir die 10 Stunden und 25 Minuten in eine Stundenangabe im Dezimalformat um:

$$10\,\text{h} + 25\,\text{min} = 10\,\text{h} + \frac{25\,\text{min}}{\frac{60\,\text{min}}{1\,\text{h}}} = 10\,\text{h} + 0{,}417\,\text{h} = 10{,}417\,\text{h}$$

Der Zeiger legt in einer Stunde 360°/24 h = 15°/h zurück. Damit hat er seit dem letzten Überqueren der 24/0-Marke als Winkel überstrichen:

$$10{,}417\,\text{h} \cdot 15°/\text{h} = 156{,}3°$$

Mit Gleichung 4.42 können wir diesen Winkel in Bogenmaß umrechnen:

$$\frac{156{,}3°}{360°} \cdot 2\,\pi\,\text{rad} = 0{,}87\,\pi\,\text{rad} = 2{,}7\,\text{rad}$$

7.

1. Abstände vom Ursprung:

$$r_A = \left|\begin{pmatrix}1{,}5\\2{,}5\\0\end{pmatrix}\text{m}\right| = \sqrt{1{,}5^2 + 2{,}5^2 + 0^2}\,\text{m} = 2{,}915\,\text{m}$$

$$r_B = \sqrt{7{,}5^2 + 2{,}5^2}\,\text{m} = 7{,}906\,\text{m}$$

$$r_C = \sqrt{7{,}5^2 + 6{,}5^2}\,\text{m} = 9{,}925\,\text{m}$$

$$r_D = \sqrt{7{,}5^2 + 6{,}5^2 + 3^2}\,\text{m} = 10{,}368\,\text{m}$$

2. Differenzvektoren:

$$\boldsymbol{r_A} + \boldsymbol{l} = \boldsymbol{r_B} \Rightarrow \boldsymbol{l} = \boldsymbol{AB} = \boldsymbol{r_B} - \boldsymbol{r_A} = \begin{pmatrix}7{,}5\\2{,}5\\0\end{pmatrix}\text{m} - \begin{pmatrix}1{,}5\\2{,}5\\0\end{pmatrix}\text{m} = \begin{pmatrix}7{,}5-1{,}5\\2{,}5-2{,}5\\0\end{pmatrix}\text{m} = \begin{pmatrix}6\\0\\0\end{pmatrix}\text{m}$$

$$\boldsymbol{r_B} + \boldsymbol{b} = \boldsymbol{r_C} \Rightarrow \boldsymbol{b} = \boldsymbol{BC} = \boldsymbol{r_C} - \boldsymbol{r_B} = \begin{pmatrix}7{,}5\\6{,}5\\0\end{pmatrix}\text{m} - \begin{pmatrix}7{,}5\\2{,}5\\0\end{pmatrix}\text{m} = \begin{pmatrix}7{,}5-7{,}5\\6{,}5-2{,}5\\0\end{pmatrix}\text{m} = \begin{pmatrix}0\\4\\0\end{pmatrix}\text{m}$$

$$\boldsymbol{r_C} + \boldsymbol{h} = \boldsymbol{r_D} \Rightarrow \boldsymbol{h} = \boldsymbol{CD} = \boldsymbol{r_D} - \boldsymbol{r_C} = \begin{pmatrix}7{,}5\\6{,}5\\3\end{pmatrix}\text{m} - \begin{pmatrix}7{,}5\\6{,}5\\0\end{pmatrix}\text{m} = \begin{pmatrix}7{,}5-7{,}5\\6{,}5-6{,}5\\3-0\end{pmatrix}\text{m} = \begin{pmatrix}0\\0\\3\end{pmatrix}\text{m}$$

$$\boldsymbol{r_A} + \boldsymbol{d} = \boldsymbol{r_C} \Rightarrow \boldsymbol{d} = \boldsymbol{AC} = \boldsymbol{r_C} - \boldsymbol{r_A} = \begin{pmatrix}7{,}5\\6{,}5\\0\end{pmatrix}\text{m} - \begin{pmatrix}1{,}5\\2{,}5\\0\end{pmatrix}\text{m} = \begin{pmatrix}7{,}5-1{,}5\\6{,}5-2{,}5\\0\end{pmatrix}\text{m} = \begin{pmatrix}6\\4\\0\end{pmatrix}\text{m}$$

$$\boldsymbol{r_A} + \boldsymbol{s} = \boldsymbol{r_D} \Rightarrow \boldsymbol{s} = \boldsymbol{AD} = \boldsymbol{r_D} - \boldsymbol{r_A} = \begin{pmatrix}7{,}5\\6{,}5\\3\end{pmatrix}\text{m} - \begin{pmatrix}1{,}5\\2{,}5\\0\end{pmatrix}\text{m} = \begin{pmatrix}7{,}5-1{,}5\\6{,}5-2{,}5\\3-0\end{pmatrix}\text{m} = \begin{pmatrix}6\\4\\3\end{pmatrix}\text{m}$$

3. Abstände zwischen den Punkten:

$$\boldsymbol{l} = \boldsymbol{AB} = \begin{pmatrix}6\\0\\0\end{pmatrix}\text{m} \Rightarrow |\boldsymbol{l}| = \left|\begin{pmatrix}6\\0\\0\end{pmatrix}\text{m}\right| = \sqrt{6^2 + 0^2 + 0^2}\,\text{m} = 6\,\text{m}$$

$$\boldsymbol{b} = \boldsymbol{BC} = \begin{pmatrix}0\\4\\0\end{pmatrix}\text{m} \Rightarrow |\boldsymbol{b}| = \sqrt{0^2 + 4^2 + 0^2}\,\text{m} = 4\,\text{m}$$

$$\boldsymbol{h} = \boldsymbol{CD} = \begin{pmatrix}0\\0\\3\end{pmatrix}\text{m} \Rightarrow |\boldsymbol{h}| = \sqrt{0^2 + 0^2 + 3^2}\,\text{m} = 3\,\text{m}$$

$$\boldsymbol{d} = \boldsymbol{AC} = \begin{pmatrix}6\\4\\0\end{pmatrix}\text{m} \Rightarrow |\boldsymbol{d}| = \sqrt{6^2 + 4^2 + 0^2}\,\text{m} = 7{,}211\,\text{m}$$

$$\boldsymbol{s} = \boldsymbol{AD} = \begin{pmatrix}6\\4\\3\end{pmatrix}\text{m} \Rightarrow |\boldsymbol{s}| = \sqrt{6^2 + 4^2 + 3^2}\,\text{m} = 7{,}81\,\text{m}$$

4. Winkel:

$$\boldsymbol{r_A} \cdot \boldsymbol{r_B} = \begin{pmatrix}1{,}5\\2{,}5\\0\end{pmatrix} \cdot \begin{pmatrix}7{,}5\\2{,}5\\0\end{pmatrix}\text{m}^2 = (1{,}5 \cdot 7{,}5 + 2{,}5 \cdot 2{,}5)\,\text{m}^2 = 17{,}5\,\text{m}^2$$

Beträge berechnen:

$$r_A = \sqrt{1{,}5^2 + 2{,}5^2}\,\text{m} = 2{,}915\,\text{m}$$

$$r_B = \sqrt{7{,}5^2 + 2{,}5^2}\,\text{m} = 7{,}906\,\text{m}$$

$$\cos\phi_{AB} = \frac{\boldsymbol{r_A}\cdot\boldsymbol{r_B}}{r_A\,r_B} = \frac{17{,}5\,\text{m}^2}{2{,}915\,\text{m}\cdot 7{,}906\,\text{m}} = 0{,}7594$$

$$\phi_{AB} = 40{,}6°$$

$$\boldsymbol{r_C}\cdot\boldsymbol{r_D} = \begin{pmatrix}7{,}5\\6{,}5\\0\end{pmatrix}\cdot\begin{pmatrix}7{,}5\\6{,}5\\3\end{pmatrix}\text{m}^2 = (7{,}5\cdot 7{,}5 + 6{,}5\cdot 6{,}5 + 0\cdot 3)\,\text{m}^2 = 98{,}5\,\text{m}^2$$

Beträge berechnen:

$$r_C = \sqrt{7{,}5^2 + 6{,}5^2}\,\text{m} = 9{,}925\,\text{m}$$

$$r_D = \sqrt{7{,}5^2 + 6{,}5^2 + 3^2}\,\text{m} = 10{,}368\,\text{m}$$

$$\cos\phi_{CD} = \frac{\boldsymbol{r_C}\cdot\boldsymbol{r_D}}{r_C\,r_D} = \frac{98{,}5\,\text{m}^2}{9{,}925\,\text{m}\cdot 10{,}368\,\text{m}} = 0{,}9572$$

$$\phi_{CD} = 16{,}8°$$

5. Flächeninhalt:

$$\boldsymbol{s} = \boldsymbol{AD} = \boldsymbol{r_D} - \boldsymbol{r_A} = \begin{pmatrix}6\\4\\3\end{pmatrix}\text{m}$$

$$\boldsymbol{d} = \boldsymbol{AC} = \boldsymbol{r_C} - \boldsymbol{r_A} = \begin{pmatrix}6\\4\\0\end{pmatrix}\text{m}$$

$$\boldsymbol{A_{sd}} = \frac{1}{2}\boldsymbol{s}\times\boldsymbol{d} = \frac{1}{2}\begin{pmatrix}6\\4\\3\end{pmatrix}\text{m}\times\begin{pmatrix}6\\4\\0\end{pmatrix}\text{m} = \frac{1}{2}\begin{pmatrix}6\\4\\3\end{pmatrix}\times\begin{pmatrix}6\\4\\0\end{pmatrix}\text{m}^2$$

Schema:

$$\begin{pmatrix}c_1\\c_2\\c_3\end{pmatrix} = \begin{pmatrix}a_2b_3 - a_3b_2\\a_3b_1 - a_1b_3\\a_1b_2 - a_2b_1\end{pmatrix}$$

$$\boldsymbol{A_{sd}} = \begin{pmatrix}6\\4\\3\end{pmatrix}\times\begin{pmatrix}6\\4\\0\end{pmatrix}\frac{\text{m}^2}{2} = \begin{pmatrix}4\cdot 0 - 3\cdot 4\\3\cdot 6 - 6\cdot 0\\6\cdot 4 - 4\cdot 6\end{pmatrix}\frac{\text{m}^2}{2} = \begin{pmatrix}-12\\18\\0\end{pmatrix}\frac{\text{m}^2}{2} = \begin{pmatrix}-6\\9\\0\end{pmatrix}\text{m}^2$$

Betrag:

$$A_{sd} = |\boldsymbol{A_{sd}}| = \left|\begin{pmatrix}-6\\9\\0\end{pmatrix}\text{m}^2\right| = \sqrt{(-6)^2 + 9^2}\,\text{m}^2 = 10{,}817\,\text{m}^2$$

Printed by Printforce, the Netherlands